U0192972

油田大数据应用技术

曾顺鹏　葛继科　编著

石油工业出版社

内 容 提 要

本书介绍了智能油田开发中大数据应用理论及方法，主要包括油田数据定义、数据类型划分，油田数据标准制定，数据采集、传输与存储模式构建方法，大数据管理及应用平台的搭建方法，油田大数据的分析、学习及深度挖掘技术的优化，油藏数值模拟预测与优化调控方法，以及油气藏勘探开发全流程研究与决策的综合应用实例。

本书可供油气田勘探开发生产、管理及科研人员使用，也可供石油院校、地质院校相关专业的广大师生教学、科研参考。

图书在版编目（CIP）数据

油田大数据应用技术 / 曾顺鹏，葛继科编著 . —北京：石油工业出版社，2021.4

ISBN 978-7-5183-4560-1

Ⅰ . ① 油… Ⅱ . ① 曾… ② 葛… Ⅲ . ① 数据处理—应用—油田开采 Ⅳ . ① TE3-39

中国版本图书馆 CIP 数据核字（2021）第 041444 号

出版发行 : 石油工业出版社

（北京安定门外安华里 2 区 1 号　100011）

网　　址 : www.petropub.com

编辑部 :（010）64523535　　图书营销中心 :（010）64523633

经　　销 : 全国新华书店

印　　刷 : 北京晨旭印刷厂

2021 年 4 月第 1 版　2021 年 4 月第 1 次印刷

710×1000 毫米　开本 : 1/16　印张 : 14.75

字数 : 260 千字

定价 : 90.00 元

序

PREFACE

当今世界油气工业已进入信息化技术融合发展、产业转型的新时代，油田数据作为油气藏开发与经营管理的信息表征形式和载体，在数字化油田建设、智能油田发展中成为企业的核心资源。而油田大数据应用作为一种以数据驱动业务的信息化技术，已经广泛应用于石油工业的油气勘探开发及管理全过程，成为影响国内外油田企业生存与发展的关键技术之一。

本书以加快推进"两化"（信息化与工业化）融合、建设"数字油田"为切入点，以全面推进油气勘探开发提质增效为目标，通过新颖的视角、独到的见解，系统论述了大数据理论技术在油气田勘探开发中的应用，重点介绍了中国石油长庆油田、西南油气田勘探开发一体化智能协同工作模式和提质增效的典型案例。通过这些大型油气田的大数据应用实例，展现了大数据挖掘及知识共享在油气田勘探开发、油气生产、资产管理、流程再造等环节的科学化、透明化及智能化优势，对其他油气田的数字化建设、智能化发展具有重要的指导意义和参考价值。

本书是重庆科技学院曾顺鹏教授领衔的油气田大数据教学科研团队与中国石油长庆油田分公司、西南油气田公司等单位长期合作的重要成果，是开展石油工程与信息工程融合创新、数字化建设的又一力作。祝贺《油田大数据应用技术》的出版，期待该书受到广大读者的喜爱。

2021 年 2 月于北京

前 言 FOREWORD

　　当 2014 年国际石油价格出现断崖式暴跌后，高成本就一直困扰油气开发企业的经营与生产。2020 年春的再一次油价暴跌，低到十几美元一桶甚至出现了历史上从未有过的原油期货价低至 –36 元 / 桶，完全颠覆了国际油气生产的基本概念，"降本增效"成为各石油公司谋求生存的首要挑战。在全球化、信息化背景下，以制定实时优化开发方案为核心的油气田智能化转型被认为是脱困求存的最佳途径之一。

　　全球知名石油公司 CHEVRON（雪佛龙石油公司）、BP（英国石油公司）、Shell（壳牌）等都十分重视智能化技术的发展与应用，2018 年国际油气公司的智能化贡献率都超过了 60%，智能化技术成为应对金融危机、能源危机的主要手段。近十年，中国石油企业加快推进"信息化与工业化深度融合"，围绕油田数据中心、数据仓库、油田数据应用为核心的"数字油田"建设得到高速推进，油田数据资源得到高速增长，以数据驱动业务的大数据应用技术不断发展，以油田大数据挖掘及知识共享为主的大数据应用重构了勘探与开发一体化的智能协同工作模式，极大地提高了油气田勘探开发优化决策质量与工作效率，有效地降低了油气开发成本、提升了企业运营的综合效益，为我国石油企业的高速发展（如长庆油田突破 6000 万吨）提供了强有力的高技术支撑。

　　随着全球新冠疫情的爆发与蔓延，各大油田公司更加重视数字化向智能化方向发展的投资建设。可以预测，在新挑战与新机遇交织中的油田大数据应用技术会得到空前的创新与发展。

　　本书从定义油田数据、划分数据类型，制定油田数据标准与存储模式，搭建油田大数据的管理平台，到开展油田大数据的综合应用，进行了全面系统的阐述。尤其是通过我国特大型油气田（长庆油田）在高速发展中的大数据应用技术创新，在油气田的勘探开发、生产运行、资产管理、流程再造等环节全面实施油田数据中心建设、油气田生产与管理的数字化、油气藏研究与决策支持系统的开发与应用，构建出油田大数据应用技术的理论体系和应用场景。

同时，以降低生产成本、加速资金流动和提高油田采收率为目标，深度融合信息工程和油气勘探开发的基础理论与技术，通过准确定义油田数据概念、分析油田数据特征，制定油田数据标准化，创新油田数据的采集、传输与存储技术，构建出油田大数据中心；按照油气勘探开发的业务需求，搭建大数据的集成、优化及运行平台，实施油田大数据的分析、学习及深度挖掘，结合油藏数值模拟预测与优化调控技术，开展油气藏勘探开发全流程的研究与决策活动，改进和提高油气藏生产经营质量，实现复杂油田开发的数字化、智能化管理。

全书以新颖的视角、独到的见解、系统的研究，论述了大数据理论及大数据应用体系，以及在油田各领域的应用方法。全书分为6章，第1章、第2章和第6章由曾顺鹏教授编写，第3章至第5章由葛继科博士编写，全书由曾顺鹏统稿。本书在编写过程中得到中国石油长庆油田分公司"数字化油田建设项目组"的大力支持，还得到了中国石油天然气集团有限公司科技管理部副总经理钟太贤教授的指导，并为该书作序；同时，还参考了众多知名专家与学者的研究专著、论文等成果，在校研究生李育展、刘历历、解英明及杨旭等承担了大量资料及图片的收集与处理工作，在此一并表示感谢。

由于笔者水平有限，书中错误难免，敬请读者批判指正。

目录 CONTENTS

第1章 绪 论

随着全球化、信息化的发展，尤其是数字油田、智能油田及工业互联网的建设以来，油田数据的作用日益重要。油田数据不仅是油田企业的资产，还是油田企业的宝贵资源。如何开发和利用好这些数据资源，将对油田企业的勘探开发与经营管理产生极其重要的影响，尤其是在全球经济转型与产业变革的今天，数据资源的高效利用直接关系到企业的生存与发展，也是企业提质增效的重要途径。

1.1 工业互联网

工业互联网是全球工业系统与高级计算、分析、感应技术以及互联网连接融合的结果。它通过智能机器间的连接并最终将人机相连，结合软件和大数据分析，重构全球工业体系、激发社会生产力，让世界更美好、更快速、更安全、更清洁且更经济。

1.1.1 工业互联网的概念

工业互联网的概念是由美国通用电气公司在 2012 年 11 月发布的《工业互联网：突破智慧和机器的界限》白皮书中首先提出的。工业互联网整合了两大革命性转变的优势：其一是工业革命，伴随着工业革命，出现了无数台机器、设备、机组和工作站；其二则是更为强大的网络革命，在其影响之下，计算、信息与通信系统应运而生；同时，计算、信息与通信三大系统的融合与发展，充分体现出工业互联网的精髓——智能机器，也就是软件定义机器。

自 2012 年美国通用电气公司提出工业互联网的概念后，工业互联网的发展得到了各国政府和大量企业的关注，工业互联网的相关技术也得到了快速发展。为此，对于什么是工业互联网，不同的研究组织及机构给出了不同的定义。

（1）中国工业互联网产业联盟给出的定义。

中国工业互联网产业联盟发布的"工业互联网体系架构报告"中指出，"工业互联网是互联网和新一代信息技术与工业系统全方位深度融合所形成的产业和应用生态，是工业智能化发展的关键综合信息基础设施。其本质是以机器、原材料、控制系统、信息系统、产品以及人之间的网络互联为基础，通过对工业数据的全面深度感知、实时传输交换、快速计算处理和高级建模分析，实现智能控制、运营优化和生产组织方式变革"。

（2）百度百科给出的定义。

百度百科中采用的定义是："工业互联网"（Industrial Internet）——开放、全球化的网络，将人、数据和机器连接起来，属于泛互联网的目录分类。它是全球工业系统与高级计算、分析、传感技术及互联网的高度融合。另一定义是：工业互联网是指全球工业系统与高级计算、分析、感应技术以及互联网连接融合的结果。它通过智能机器 间的连接并最终将人机连接，结合软件和大数据分析，重构全球工业、激发生产力，让世界更美好、更快速、更安全、更清洁且更经济。

百度百科给出的工业互联网定义中，并没有提到工业互联网联盟（IIC），以及相关的定义和目标。从中可以推断出，国内关注于百度百科的相关研究人员对于工业互联网的认识较为宽泛，没有涉及工业互联网的主要目标和核心技术，没有明确工业互联网与现有互联网的本质区别。

（3）维基百科给出的定义。

维基百科对工业互联网（Industrial Internet）定义的中文含义是：工业互联网表示复杂物理机械与联网传感器和软件的集成。工业互联网把机器学习、大数据、物联网、机器与机器通信、信息网络系统等领域综合在一起，从机器获取数据、分析数据（通常是实时），用以调整操作。

（4）工业互联网联盟（IIC）给出的定义。

2014年3月27日，由美国电报电话公司（AT & T）、思科公司（Cisco）、通用电气公司（GE）、国际商用机器公司（IBM）和英特尔公司（Intel）5家企业发起了工业互联网联盟（Industrial Internet Consortium，IIC），该联盟试图将多国的企业、学术界和政府聚集起来，共同推动工业互联网技术的开发、接纳以及广泛的使用。

IIC认为：工业互联网是"一种物品、机器、计算机和人的互联网，它利用先进的数据分析法，辅助提供智能工业操作，改变商业产出。它包括了全球工业生态系统、先进计算和制造、普适感知、泛在网络连接的融合。"

需要说明的是：我们通常讲的"互联网（Internet）"是因特网的专用名词，它指当前世界上最大的、开放的、由众多网络相互连接而成的特定计算机网络，它采用 TCP/IP 协议族作为通信的规则，且前身是美国的 ARPANET。所以，工业互联网并不属于"因特网"这类全球的信息基础实施，而是属于应用于工业领域的特殊的互联网技术，或者可以说至少目前还没有成为 Internet 的一部分，融入因特网。

此外，机械工业出版社 2017 年出版的《工业互联网体系与技术》一书认为：工业互联网是一个通过互联网将全球工业系统中的智能物体、工业互联网平台与人相连接的系统。它通过将工业系统中的智能物体全面互联，获取智能物体的工业数据；通过对工业数据的分析，获取机器智能，以改善智能物体的设计、制造与使用，提高工业生产力。

从工业互联网的定义中可以看出，工业互联网包括 5 个部分：① 全面互联的工业系统中大量的智能物体；② 具有知识的工作人员；③ 互联网；④ 工业互联网平台；⑤ 工业数据的分析工具。

其中，智能物体是指具有感知、通信与计算能力，可以连接到互联网的物理世界中的物体，包括计算机、智能手机、网络摄像机、智慧灰尘（像"灰尘"样、智能的、细小的、廉价的传感器，它可以散落到环境中对各种物体进行监测）、具有通信功能的各类机器和传感器等。许多非智能物体可以通过添加通信模块变成智能物体。例如，在动物身上安装通信模块，动物就变成具有通信能力的智能物体。

工业互联网的基础是实现智能物体全面互联的互联网，关键是通过感知技术获得的大量工业数据，前提是强大的计算与存储能力，核心是对工业大数据的分析，结果是通过分析获得新的机器智能，并用以改善智能物体的设计、制造与使用，提高工业效率，提升人类的社会生产力。

工业互联网是新一代信息技术与工业系统深度融合形成的产业和应用生态，是信息技术和工业技术在各自的轨道上不断发展、不断融合的产物，其核心是通过自动化、信息化、联网化、智能化等技术手段，激发生产力，优化资源配置，最终重构工业产业格局。

1.1.2 工业互联网的由来

工业互联网的相关研究始于 1999 年，随着德国的"工业 4.0"、美国的再工业化和中国的智能制造的提出和实施，许多国家都开始探索与工业互联网相关的研究和应用。

（1）德国的"工业 4.0"。

"工业 4.0"是《德国 2020 高技术战略》中所提出的十大未来项目之一。该项目由德国联邦教育局及研究部和联邦经济技术部联合资助，投资预计达 2 亿欧元，旨在提升制造业的智能化水平，建立具有适应性、资源效率及基因工程学的智慧工厂，在商业流程及价值流程中整合客户及商业伙伴。其技术基础是网络实体系统及物联网。

德国政府提出的"工业 4.0"战略，其目的是为了提高德国工业的竞争力，在新一轮工业革命中占领先机。自 2013 年 4 月在汉诺威工业博览会上正式推出以来，"工业 4.0"迅速成为德国的另一个标签，并在全球范围内引发了新一轮的工业转型竞赛。

"工业 4.0"项目主要分为三大主题：一是"智能工厂"，重点研究智能化生产系统及过程，以及网络化分布式生产设施的实现。二是"智能生产"，主要涉及整个企业的生产物流管理、人机互动以及 3D 技术在工业生产过程中的应用等。该计划将特别注重吸引中小企业参与，力图使中小企业成为新一代智能化生产技术的使用者和受益者，同时也成为先进工业生产技术的创造者和供应者。三是"智能物流"，主要通过互联网、物联网、物流网，整合物流资源，充分发挥现有物流资源供应方的效率，而需求方，则能够快速获得服务匹配，得到物流支持。

（2）美国的再工业化。

美国的再工业化指的是在二次工业化基础上的三次工业化，实质是以高新技术为依托，发展高附加值的制造业，如先进制造技术、新能源、环保、信息等新兴产业，从而重新拥有具有强大竞争力的新工业体系。

再工业化是奥巴马政府上台以来经济重建的重要内容，是金融危机后美国政府经济政策发生重大转变和重要转向的标志。长期"去工业化"导致美国经济上过度虚拟化，社会上贫富分化对立，政治上两极化和意识形态上"美国梦"破碎的危机，对美国国家实力造成了系统性的损害，给美国国家安全带来了全局性、结构性的挑战，威胁到美国在世界上的领导地位，迫使美国政府不得不从国家安全的高度来看待和处理制造业问题，这是奥巴马政府推动再工业化战略的深层次原因。再工业化远不止是一项经济战略，同时还是一项安全战略，是美国国家安全战略调整的具体体现，蕴含着对华战略冲突的性质和对华贸易保护主义增强的意味。再工业化也不仅仅是应对金融危机的一种权宜之计，还是一次兼具长远意义的战略转折。

美国提出"再工业化"战略，是一种现实的考量。尽管制造业在美国经济中的比重只有15%左右，但由于经济总量巨大，美国制造业在全球的份额仍高达20%左右，依然是世界第一制造业大国。现在，美国力图通过"再工业化"重振本土工业：一方面是防止制造业萎缩失去世界创新领导者的地位；另一方面是要通过产业升级化解高成本压力，寻找像"智慧地球"一样能够支撑未来经济增长的高端产业，而不是仅仅恢复传统的制造业。

从这一点来看，美国"再工业化"战略就是在加快传统产业更新换代和科技进步的过程中，实现再一次依靠"再工业化"来推进实体经济的转型与复苏。

（3）日本的工业智能化。

进入21世纪后，日本依然坚信制造业是立国之本，并清醒地认识到，信息化离不开发达的制造业，大力发展信息技术的同时不能忽略制造技术的重要性。

作为工业化强国，日本的"工业4.0"具有极为鲜明的特色，日本老龄化问题非常严重，该国政府在通盘政策考虑时十分重视的是对发展人工智能技术的企业给予优惠税制、优惠贷款、减税等多项政策支持，使得人工智能技术能够在日本取得长足发展。

由于政府的政策支持，日本通过改革技术采用智能化生产线的企业越来越多。以日本汽车巨头本田公司为例，其通过采取机器人、无人搬运机和无人工厂等先进技术和产品，加之采用新技术减少喷漆次数、减少热处理工序等措施把生产线缩短了40%，并通过改变车身结构设计把焊接生产线由18道工序减少为9道，建成了世界上最短的高端车型生产线。

日本工业机器人产业早在20世纪90年代就已经普及工业机器人，日本希望借助在该产业的高投入以解决劳动力断层问题，降低高昂的劳动成本并支持未来的工业智能化。

（4）英国的未来制造业2050。

英国是工业革命的发源地。近年来，相对于其他发达国家，英国制造业在经济贡献中的份额下降很快。国际金融危机给英国经济带来深重打击，也让英国政府意识到以金融为核心的服务业无法持续保持国际竞争力。英国政府开始重新强调制造业对于创新、技能、就业和经济再平衡等方面的重要性，探索重振制造业，提升国际竞争力。

在上述背景下，英国政府启动了对未来制造业进行预测的战略研究项目，通过分析制造业面临的问题和挑战，提出英国制造业发展与复苏的政策。该项战略研究于 2012 年 1 月启动，2013 年 10 月形成最终报告《制造业的未来：英国将面临机遇与挑战并存的新时代》(*The future of manufacturing : a new era of opportunity and challenge for the UK*)。该报告认为，制造业并不是传统意义上"制造之后进行销售"，而是"服务加再制造（以生产为中心的价值链）"。

（5）中国制造 2025。

制造业是国民经济的主体，是立国之本、兴国之器、强国之基。自 18 世纪中叶开启工业文明以来，世界强国的兴衰史和中华民族的奋斗史一再证明，没有强大的制造业，就没有国家和民族的强盛。打造具有国际竞争力的制造业，是我国提升综合国力、保障国家安全、建设世界强国的必由之路。

当前，新一轮科技革命和产业变革与我国加快转变经济发展方式形成历史性交汇，国际产业分工格局正在重塑。中国政府为了提升制造业整体竞争力，在 2015 年 5 月正式推出"中国制造 2025"国家战略规划。

"中国制造 2025"是在新的国际、国内环境下，中国政府立足于国际产业变革大势，做出的全面提升中国制造业发展质量和水平的重大战略部署。其根本目标在于改变中国制造业"大而不强"的局面，通过 10 年的努力，使中国迈入制造强国行列，为到 2045 年将中国建成具有全球引领和影响力的制造强国奠定坚实基础。

1.1.3　创新和变革浪潮

在过去的 200 年里，全球经历了数次的创新浪潮，按其特征来分，大致分为三次创新和变革浪潮。

（1）第一次浪潮：工业革命。

工业革命对社会、经济和世界文化产生了深远的影响。这是一场从 1750 年到 1900 年，跨越了 150 年的漫长革新。在此期间，新技术应用到制造业、能源生产业、交通运输业和农业后，在一段时期内迎来了经济的快速增长和社会的转型发展。随着蒸汽机的商业化，18 世纪中叶欧洲率先开始了第一阶段的工业革命，之后传播到铁路业占据经济增长主导地位的美国。1870 年以后，内燃机、电力以及一系列实用机的出现和大规模应用，标志工业革命进入第二阶段。

工业革命带来的深刻变革极大地改变了人们的生活品质和卫生条件：运输业（从马车、帆船到铁路、轮船和卡车）；通信业（电话和电报）；社会服务业（电力、自来水、卫生和医疗）。它的特点是从纺织业到钢铁再到电力生产不断跨越新产业的大型工业企业的崛起。它创造了显著的规模经济、降低了生产设备的成本、扩大了企业的规模，同时使产量得到了增加。它利用了集中控制下的分层结构的效率。

尽管工业革命促进了社会进步和经济大发展，但同样带来了负面影响。全球经济体系变得更加高度资源密集型；资源开采和工业废物对环境造成了严重的污染。此外，在这一时期，发生了自工业革命以来的渐进式创新，企业开始专注于提高效率、减少浪费、改善工作环境。

（2）第二次浪潮：互联网革命。

20 世纪末，互联网革命改变了世界。互联网革命大概经历了 50 年，但像工业革命一样，互联网革命也是阶段性展开的。第一阶段始于 1950 年的大型主机电脑、软件和"数据信息包"的发明，使计算机可以彼此沟通。这一阶段主要是政府资助的计算机网络实验。在 20 世纪 70 年代，这些封闭的政府和私人网络让位给了开放的网络，构成了现在人们所熟知的国际互联网（Internet），互联网发展也进入第二阶段。其重要特征是，明确制定了标准和协议，允许不同用户、不同位置、不兼容的机器相互连接和交流信息。

网络的开放性和灵活性是网络加速发展的关键因素。1981 年 8 月，当时只有不到 300 台电脑可以连接到互联网。15 年后，这个数字已经上升到 1900 万台，而今则数以亿计。信息传输的速率和数量也大幅增长。1985 年，最好的调制解调器最快的传输速度也只有 9.6 千比特每秒（kbps）。而今主干互联网的速率已达到十万兆比特每秒以上（100Gbps），就连移动互联网也进入了 5G 时代（传输速率达到 1Gbps）。速度和数量的结合，并通过压低成本的商业交易和社会互动，为商业和社会交换创造了强大的新平台。企业从只进行实体销售到通过网络进行大型高效的市场销售，在某种情况下，这使企业转入新的数据平台。

互联网革命与工业革命有很大不同。互联网数据处理和发送、接受大量数据的能力，是基于网络建设和其使用价值、横向结构和分布式智能，通过允许进一步深层集成和灵活操作改变生产系统的处理方式。此外，互联网的并行革新不仅仅在于用线性方法进行研究发展。迅速交换信息和分散决策能力产生了更多的协同工作环境，而这个工作环境不受地理限制。互联网革命不是资源密集型的，而是信息和知识密集型的。它凸显了网络价值和创新平台，同时开辟了减少环境污染的新途径，并且更加支持环保产品和服务。

（3）第三次浪潮：工业互联网。

在21世纪的今天，工业互联网将再次改变我们的世界。将全球工业系统融合，发展开放的计算和通信系统，开辟了新的领域以加快提高效率，减少低效和浪费，加强人的工作经验。事实上，工业互联网革命已经展开，企业开始逐步将互联网技术应用于工业生产。尽管如此，目前还远低于工业互联网的应用极限，基于互联网的数字技术还没有将全部潜力充分实现于全球产业体系。智能设备、智能系统和智能决策代表着物理学在机器、设备、机组和网络的主要应用方式，而这些应用能够把数据传输、多数据、数据分析很好地融合到一起。

1.1.4　工业互联网的收益

工业互联网将为机器、设备组、设施和工业系统网络带来各种收益，对整个经济产生更广泛的影响。一方面，智能网络能够实现互联机器的优化，从而改善性能、降低成本并提高可靠性；另一方面，工业互联网能够优化企业管理系统，更好地跟踪和协调跨地理位置和生产线的劳动力、供应链、质量以及销售，以达到资产最大化并提高企业的业绩。工业互联网将在商用航空、铁路运输、电力生产、医疗、油田生产等行业提升至少1%的收益。下面以石油与天然气的开发与配送为例来说明工业互联网的收益。

随着传统石油天然气的不断枯竭以及行业监管的日趋严格，石油天然气行业面临着巨大的提质增效和转型发展的压力，以及需要向"边、老、深、贫、隐、难动用"等油气田进军的现状。由于这个行业的风险包括了资本密集的特性，驱动着对行业、监管机构和社会更多合作的需要，推动着石油天然气行业要实现多个重要的目标，包括：

（1）提高运营效率和生产力。

（2）降低项目开发、运营和维护中的生命周期成本。

（3）在安全、环保和合规方面持续改进。

（4）改造旧设施并进行调整以适应不断变化的劳动力人口。

（5）开发本地能力并支持日趋偏远的物流配送。

石油天然气行业在采用新技术方面比较缓慢，但工业互联网在如何提高关键设备的可用性、降低燃料消耗、提高生产率和降低成本等方面潜力巨大。典型应用实例包括：

（1）井下传感器跟踪矿井内的事件，智能化完成优化产品流。

（2）无线通信系统把当地设施的地下和地上信息网络连接到公司的集中站点。

（3）实时数据监测以提高安全性并实现优化。

（4）预测分析可以更好地了解和预测储层的情况。

工业互联网技术在石油天然气行业中的应用在很多情况下已经降低了成本、提高了生产力，并扩大了资源潜力。

考虑收益的另一个方式是资本支出的效率。伍德麦肯兹（Wood Mackenzie）研究和咨询公司的统计数据报道说，石油天然气行业上游的支出 2020 年在 5000 亿美元以上。如果通过工业互联网技术实现把资本支出减少 1%，就意味着每年节约 50 亿美元。

因此，工业互联网可以作为新一波的生产力浪潮的催化剂，强有力地推动经济增长和收入增加。

1.2　数字油田

数字油田是 21 世纪以来油田企业或者石油行业的新理念、新技术和"两化"融合的典型代表与示范，进行了油田数据数字化管理和数字油气藏建设，形成了"数字化管理，信息技术应用"的数字油田基本思维。初步形成岗位流程化、数据模型化、操作系统化的新型的生产、管理、运行与研究决策模式，为油田企业发展做出了巨大贡献。

1.2.1　数字油田的概念

在 1999 年，中国石油大庆油田公司根据油田信息化技术应用与发展的现状，首次在国内提出了数字油田的概念。2000 年 6 月，数字油田的建设目标成为大庆油田公司未来发展进步的规划之一，并被作为企业发展的一个战略目标，其基本思想和技术构架得到了业内的普遍认可。

不同的研究者从不同的视角出发，对数字油田进行了多种定义，其中典型的几个定义包括：

陈强、王宏琳（2002）等认为，"数字油田是油田的一种虚拟表示，使人们可以探查汇集有关该油田的自然和人文信息，并与之互动"。这是一种基于油田虚拟现实的数字油田概念。

王权（2003）等认为，数字油田分为广义的和狭义的概念。广义数字油田是全面信息化的油田，即指油田企业实现以计算机为核心全面数字化、网络化、智能化和可视化的全部过程。狭义数字油田是指以数字地球为技术导向的技术系统，它是以油田为对象，以地理空间坐标为依据，具有多分辨率、海量数据和多种数据的整合，并可用多媒体和虚拟技术进行多维的表达，具有空间化、数字化、网络化、智能化和可视化特征的技术系统。这是比较完善地阐述数字油田概念的一种表达。

陈新发（2010）认为，数字油田是油气田业务与信息技术高度融合的产物。数字油田就是实体油田在计算机中的虚拟表示，通过在计算机上研究和管理油田，提高油田的核心竞争力。

虽然这些定义出发点不同，表述不一，内容亦有所差别，但是都对数字油田的概念进行了细化和扩展。同时，也形成了数字地球流派、地质模型流派、工程应用流派、信息管理流派和企业再造流派等派系。总体来说，大部分专家和学者都侧重于数字油田的技术含义。

从技术实现的角度来看，"数字油田"是一个以数字地球为技术导向、油田实体为对象、地理空间坐标为依据，具有多分辨率、海量数据和多种数据融合，可用多媒体和虚拟技术进行多维表达，集空间化、数字化、网络化和可视化特征的技术系统，即一个以数字地球技术为主干，实现油田实体全面信息化的技术系统。数字油田应当被视为一个空间性、数字性和集成性三者融合的系统，汇集了油田的各类信息、网络系统、软件系统和知识，是针对油田勘探开发信息化管理专门开发，以满足日常生产运行、生产管理、生产监控、设备管理、成果展示的需求，是一套集石油勘探开发生产信息的采集、传输、存储、处理、分析、发布、管理、控制和应用于一体，规范、统一、安全、高效的全新现代化生产经营综合数据一体化管理应用平台。

以大庆油田为代表的很多油田同时兼顾了数字油田在管理方面的内涵，数字油田不仅仅是技术目标，更是管理目标。通常情况下，将一般的数字油田的概念称为狭义数字油田，而将包含管理内涵的数字油田称为广义数字油田，如图 1.1 所示。

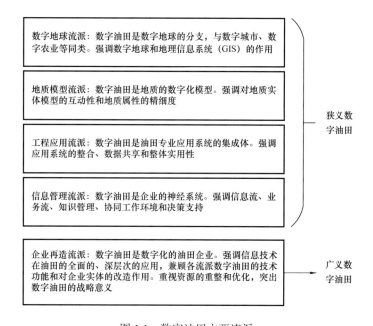

图 1.1　数字油田主要流派

总之，数字油田是油气藏勘探开发技术提升的重要标志，是实现油气综合预测、滚动勘探开发、生产综合管理的新思路、新理论、新技术。数字油田将为滚动勘探开发所依赖的建模过程提供三维可视化甚至浸入式透视化交互的环境，是实现"透明油田"建设的基础。

1.2.2　数字油田的主要研究内容

目前，不同流派的专家学者对数字油田设定的内涵虽有所重叠，但仍存在较大的分歧。因此，对数字油田研究内容的认识也不统一。总体来看，通常把数字油田的主要研究内容分为信息技术、地学/石油工程和管理学三个方面，各流派数字油田的内涵互相重叠。企业再造流派是广义数字油田，其研究内容涵盖了所有其他流派。数字油田的主要研究内容包括：

（1）数字油田的总体技术框架；

（2）地理信息系统（GIS）在油田的应用；

（3）多学科地质模型研究；

（4）勘探开发业务与信息一体化模式；

（5）应用系统、数据和网络基础设施体系；

（6）企业信息门户（Portal）；

（7）海量数据存储方案；

（8）虚拟现实技术的应用；

（9）数据与应用系统的标准体系；

（10）企业的数字化概要模型；

（11）信息流、业务流、物流、知识管理、协同环境、决策支持等业务模型；

（12）人力资源的数字化、知识化；

（13）数字油田的发展战略。

1.2.3　数字油田的基本架构

在提出数字油田概念的基础上，大庆油田还创建了数字油田参考架构模型，如图 1.2 所示。

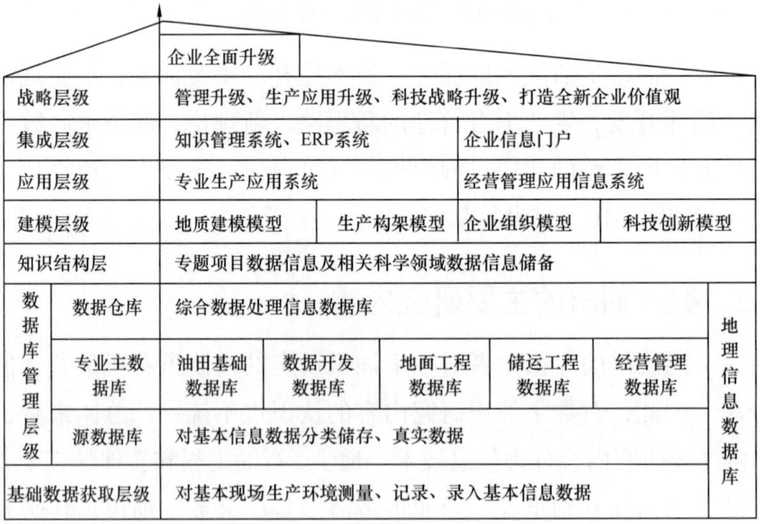

企业全面升级					
战略层级	管理升级、生产应用升级、科技战略升级、打造全新企业价值观				
集成层级	知识管理系统、ERP系统		企业信息门户		
应用层级	专业生产应用系统		经营管理应用信息系统		
建模层级	地质建模模型	生产构架模型	企业组织模型	科技创新模型	
知识结构层	专题项目数据信息及相关科学领域数据信息储备				
数据库管理层级	数据仓库	综合数据处理信息数据库			地理信息数据库
	专业主数据库	油田基础数据库 / 数据开发数据库 / 地面工程数据库 / 储运工程数据库 / 经营管理数据库			
	源数据库	对基本信息数据分类储存、真实数据			
基础数据获取层级	对基本现场生产环境测量、记录、录入基本信息数据				

图 1.2　数字油田的基本参考框架

从组织架构上看，数字油田是一种由下而上的层级结构，底层是基础数据获取，往上是对获取的数据进行储存、整理、分类，接着是对真实有用的信息进行建模分析，对分析的结果进行总结应用，集成层级是对采集分析处理应用全过程的综合管理，战略层级是企业的战略方向的判断和决策。大庆油田的这一模型对数字油田的深入研究、建设和推广应用，发挥了很好的示范引领作用。

1.2.4　数字油田关键技术

数字油田是一个复杂巨系统，它的研究需要地学、石油工程学、信息学和管理学等多个学科的支持，因此，其关键技术也是从属于这些学科的，下面列举的不一定全面。

在地学方面，数字油田需要下列理论和技术的支持：（1）石油天然气地质理论；（2）沉积学理论；（3）地球物理与化学理论；（4）地质建模技术；（5）地理学应用技术；（6）空间定位技术；（7）制图理论。

在石油工程方面，数字油田需要下列技术支持：（1）地震与非震勘探技术；（2）油田开发与采油工艺技术；（3）钻井、测井、录井、试油技术；（4）油气集输技术；（5）地面建设技术；（6）设施监控、自动化技术。

在信息学领域，数字油田需要下列技术支持：（1）计算机网络技术；（2）数据库技术；（3）信息采集、处理、解释、应用技术；（4）OpenGIS 和WebGIS 技术；（5）软件工程技术；（6）数据库管理技术、数据仓库技术及数据银行技术；（7）虚拟现实技术；（8）海量存储技术；（9）并行计算、移动计算技术；（10）信息流分析技术；（11）协同工作技术；（12）企业信息门户技术。

在管理学领域，数字油田需要下列技术支持：（1）企业战略管理技术；（2）系统工程理论；（3）组织管理技术；（4）风险分析技术；（5）企业资源计划技术（ERP）；（6）业务流程重组（BPR）；（7）电子商务技术；（8）信息管理技术；（9）知识管理技术；（10）项目管理技术。

从大数据应用的整个生命周期视角出发，油田大数据应用主要包括如下技术：（1）数据采集技术；（2）数据整合技术；（3）数据存储技术；（4）数据可视化技术；（5）数据管理及决策技术。

数字油田的关键技术与它的模式相关，不同内涵的数字油田，其关键技术也不完全相同。总而言之，数字油田建设是一个极其庞大的工程，涉及的技术、理论、思想是十分广泛的，难以逐项列出。

1.3　智能油田的发展

智能油田是数字油田发展到一定阶段的高级形态，是油气田行业发展的必然趋势，体现了能源行业发展的客观规律。智能油田的应用将会对油田行业的经济效益提升起到极大的推动作用。

1.3.1　智能油田的由来

智能油田是在数字油田的基础上，通过实时监测、实时数据自动采集、实时分析解释，实施决策与优化的闭环管理，将油田上游勘探、开发、油气井生产管理、工程技术服务、集输储运、生产保障等各业务领域的油气藏、油气井、数据等资产，有机地统一在一个价值链中，实现数据知识共享化、生产流程自动化、科研工作协同化、系统应用一体化、生产指挥可视化和分析决策科学化，提高油气田生产决策的及时性和准确性，达到节约投资与运行成本的目的。

将油田生产的自动化与信息化相结合，将物联网、云计算和大数据技术应用到油气生产流程中，在可视化、一体化的协同环境下，管理人员、科研人员根据实时信息，借助基于业务模型的知识库和专家系统，通过在线模拟环境，以多学科协作的勘探开发综合研究、单井动态分析、油气藏评价、数值模拟等为依托，辅助油田进行勘探部署、井位论证、开发生产等决策，科学的预测和决策，实现油田相关资产的统筹经营与管理，提高油田的采收率，对油田进行适时的最优开发。

1.3.2　智能油田的特征

（1）智能油田是一个信息共享的油田。

全面的、系统的、高质量的和可共享的信息是智能油田的基础。信息只有通过共享，才能最大限度地实现其价值。参与同一信息处理和应用的个体越多，信息的社会价值或经济价值增长就越快，信息的共享程度越高。

在各种应用系统充分互联的基础上，利用信息融合、云计算和模糊识别等技术，实现区域协同与数据共享，并通过对海量信息和数据的分析和处理，实现客观、本质、全面的认知和判断，从而实现对油田的可视化、可量测的智能化管理与控制。

（2）智能油田是一个面向应用和服务的油田。

智能油田的核心是建立一个由新工具、新技术支持的涵盖油田生产、管理和居民生活的新油田生态系统，通过管理理念和管理方式变革，转变经济发展方式，实现由传统油田向新兴油田的跨越式发展。因此，智能油田的最终目的是为油田勘探开发、油气生产、经营管理和矿区服务提供一种全新的管理手段，通过新方法的应用，提升各方面的泛在化、可视化和智能化水平，并最终推动油田的绿色环保和可持续发展。

1.3.3 智能油田的相关技术

在现有数字油田应用基础上，未来油田建设将向智能油田方向发展。所谓智能油田，是指在数字油田基础上，借助先进信息技术和专业技术，全面感知油田动态，自动操控油田行为，预测油田变化趋势，持续优化油田管理，科学辅助油气研究与决策，使用计算机系统智能地管理油田。具体描述如下：

（1）借助传感技术，建立覆盖油田各业务环节的传感网络，实现对油田研究与决策各业务环节的全面感知。

（2）利用先进的自动化技术，对油气井与管网设备进行自动化控制，对油气管网进行自动平衡与智能调度，实现对生产设施的远程自动操控。

（3）利用模型分析技术，进行油田的动态模拟，单井运行分析与预测，生产过程优化，智能完井和实时跟踪，利用专业数学模型提高系统模拟与分析能力、预测和预警能力、过程自动处理能力，实现对油田生产趋势进行分析与预测。

（4）利用虚拟现实技术，把复杂的三维地形和地质情况经过地球物理成像转换成动态、可视和可交互的三维图像，将油田的复杂性整体客观地展示给管理者，持续地监测油田和井下动态，从而更好地了解油田特性。

（5）利用可视化协作环境为油田研究与决策提供信息整合与知识管理能力，充分利用勘探开发地质研究专家的经验与知识，实现油气藏勘探开发的科学部署，提高系统自我学习能力、生产持续优化能力，真正做到业务、计算机系统与人的智慧相融合，辅助油田进行科学决策、优化管理。

当然，智能油田的建设和数字油田一样，是一项十分浩大的系统工程，需要分阶段实施。

1.3.4 智能油田建设的主要内容

油田的管理范围主要包括油田生产和居民生活两个方面，构成油田的要素包括勘探开发、产能建设、地面建设、经营管理、资源能源、矿区服务和矿区民生等多个方面。按照工作范围及职能划分，可归结为地质、工程、管理和民生四个方面，因此，智能油田建设的主要内容可以由智能的地质、智能的工程、智能的管理和智能的民生四部分组成。

（1）智能的地质。

通过地震资料的实时采集以及与历史地震数据、勘探开发数据的综合分析比较，实现油气储量的精准计算、富集高产区的精确预测和地质风险的准确识别。智能的地质进一步细分可包括智能构造、智能圈闭、智能油气藏和智能井筒等子系统。

例如，智能油气藏中的油气井智能开采技术：通过安置在油藏平面上的传感器与控制阀，可以对油气藏与油井的动态进行实时监测，分析数据，制订决策，改变完井方式，以及对设备的性能进行优化，从而提高油藏采收率，增加油井产量，减少作业中投入的劳动力，更有效地进行油气藏的智能化管理。

（2）智能的工程。

包括勘探、开发、钻井、采油、集输、储运以及地面建设工程等，其中地面建设工程包括基地、道路、原油集输、给排水、注水、电力、通信和消防等。智能工程中的核心技术主要包括成井技术（对接技术、多分支技术）和增产技术（多相水力压裂技术）等。

例如，智能采油，综合运用各类传感技术、有线／无线通信技术以及数据分析技术，以智能控制为手段，围绕杆泵抽油系统的各个环节，如抽油机、抽油杆和抽油泵，对抽油工况及各种运行参数进行收集、处理和挖掘，优化参数配置，提升采油效率，降低运行成本，保持安全、稳定、高效生产。

（3）智能的管理。

指通过远程的智能诊断、处置以及全过程控制，实现生产系统的平稳运行、产量资源的倍增、能耗的降低，从而实现低碳运行。

例如，智能矿政，以矿区生产运行管理和监督管理为轴心，运用3S（GIS，RS，GPS）技术，工作流技术，无线通信技术，以及地理编码技术等，将地理空间框架数据、单元网格数据、管理部件数据、管理事件数据和地理编码数据等多种数据资源整合为一个逻辑完整的信息整体，满足与该系统相关的各种机构和人员的需要，实现对矿区基础设施、公用设施、环境秩序和矿区应急等多方面实时、有序、科学的管理。

（4）智能的民生。

智能民生的本质是体现以人为本，构建和谐、平安矿区，最大限度地提升居民的幸福指数，它涵盖了安防、交通、医疗、通信、公共服务、社会保障及教育等与矿区居民衣食住行相关的各个方面。

例如，油田智能通信网，在原有通信网络的基础上，结合人工智能、5G 技术及工业互联网技术，将网络的智能层配置在分布于全网中若干个业务控制点中的计算机的数据库中，由软件实现对网络智能层的控制，以提供多种更为先进和复杂的功能，从而实现油田生产过程中的生产现场及状态数据的实时监测及控制。

智能油田和数字油田本质上都是信息社会条件下现代油田发展的高级形态。智能油田的前提是数字油田，智能油田建设必须充分利用和整合数字油田建设的成果，对已有数据资源进行标准化整合，进而实现共享，避免重复建设和信息资源浪费。同时，应当从管理和制度上强调顶层设计，严格按照中国石油天然气集团有限公司"统一、成熟、实用、兼容、高效"的指导方针，和"统一规划、统一标准、统一设计、统一建设、统一管理"的六统一原则，推进信息化应用系统建设。此外，在智能油田建设中还要注意努力提升关键技术和关键产品的自主研发能力，要瞄准行业应用，在能够提供端到端完整解决方案的基础上，进行关键硬件设备或终端的研制，进行软件的自主开发，占领高端科研领域制高点，努力提升自主创新能力。

1.4　油田数据学

在当今的信息时代，油田企业是一个典型的产生数据并利用数据进行管理及决策的企业。在油气藏勘探开发、地质研究、油气生产、油气储运等各个环节，都离不开数据的采集及利用。例如，油气藏勘探其实质就是利用勘探技术采集数据，并根据数据结果判断油气藏的生、储、盖等概况；油气储运是利用压力、温度和组分等数据，保证油气存储及运输过程中的安全与环境保护。

1.4.1　数据与数据科学

数据成为信息时代中的高频名词，也是现代社会的一门新兴科学，具有深刻的内涵及丰富的内容，需要从不同角度去剖析才能深刻地理解。

（1）数据的概念。

数据是什么？信息学、计算机科学、通信技术或数据科学等书籍及文献中，都对数据进行了不同的定义。如数据是信息的载体；数据是数据库中存储的对象；数据是描述事物的符号，包括文字、声音、视频等；数据可以是连续的值，如声音，这是模拟数据，也可以是离散的数值，如计算机应用中的 0 和 1 数值，这是数字数据。由此可知，数据是一个多语义的事物，在不同的领域或学科，具有不同的理解和寓意。

根据现代汉语词典的定义，描述事物的符号记录称为数据，亦指科学实验、检验、统计等所获得的，以及用于科学研究、技术设计、查证、决策等的数值。数据在不同的学科领域具有不同的定义，如"数据是指存储在某种介质上能够识别的物理符号，是信息的载体，这些符号可以是数、字符或者其他"；"数据记录是指对应于数据源中一行信息的一组完整的相关信息"；"数据是数据库中存储的对象"等。从上述对数据的定义来看，数据有两层含义：一层含义是指在科学实验、工程计算或各种科学验证中所测或检测到的，能够反映被测对象的数字，以对这个客观事物的量化表征与佐证的依据，是信息的载体；另一层含义是指一种能够被人们利用计算机处理的符号，即作为计算机管理文档、图件等的记录与表达。

（2）数据科学。

数据科学是一门研究如何利用数据学习知识，并挖掘有价值数据生成数据产品的学科。数据科学在 20 世纪 60 年代被提出，当时并未获得学术界的注意和认可。1974 年，彼得·诺尔出版了《计算机方法的简明调查》中将数据科学定义为："处理数据的科学，一旦数据与其代表事物的关系被建立起来，将为其他领域与科学提供借鉴"。2001 年，美国统计学教授威廉·S.克利夫兰发表了《数据科学：拓展统计学的技术领域的行动计划》，有人认为是克利夫兰首次将数据科学作为一个单独的学科，奠定了数据科学的理论基础。

数据科学主要以统计学、机器学习、数据可视化以及某一领域知识为理论基础，主要研究内容包括数据科学基础理论、数据预处理、数据计算和数据管理等。

数据科学研究的工作过程是：从数据自然界中获得一个数据集；对该数据集进行勘探发现整体特性；利用数据挖掘技术等进行数据研究分析或者进行数据实验；发现数据规律；将数据进行感知化等。数据科学的基本框架如图 1.3 所示：

数据科学的研究内容主要包括如下几个方面：

① 基础理论研究。科学的基础是观察和逻辑推理，数据科学同样要研究数据自然界中观察方法，要研究数据推理的理论和方法，包括：数据的存在性、数据测度、数据代数、数据相似性与簇论、数据分类与数据百科全书等。

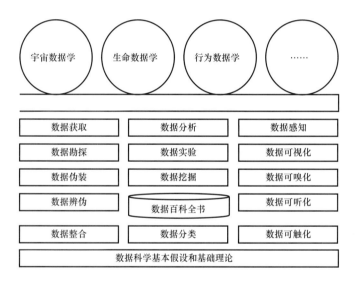

图 1.3　数据科学研究及应用基本框架

② 实验和逻辑推理方法研究。需要建立数据科学的实验方法，需要建立许多科学假说和理论体系，并通过这些实验方法和理论体系开展数据自然界的探索研究，从而认识数据的各种类型、状态、属性及变化形式和变化规律，揭示自然界和人类行为现象和规律。

③ 领域数据学研究。将数据科学的理论和方法应用于许多领域，从而形成专门领域的数据学，例如：脑数据学、行为数据学、生物数据学、气象数据学、金融数据学、地理数据学等。

④ 数据资源的开发利用方法和技术研究。数据资源已成为重要的现代战略资源，其重要程度将越来越凸显，有可能超过石油、煤炭和矿产，成为最重要

的人类资源之一。这是因为人类的社会、政治和经济都将依赖于数据资源，而石油、煤炭和矿产等资源的勘探、开采、运输、加工和产品销售等无一不是依赖数据资源的，离开了数据资源，这些工作都将无法开展。

（3）油田数据。

油田数据，是油田建设以来出现的一个新概念，也是需要研究的一个新问题。在数字油田建设过程中，形成了很多模糊的概念。油田数据建设是在信息技术主导下完成的，人们用计算机原理认识数据，是以数据能被计算机所识别为原则，认为"数据是指存储在某类介质上能够被识别的物理符号，是信息的载体"。

在油田生产和管理中产生的具有连锁变化、能够反映油田客观规律的各类数据，包括工程地质数据、生产过程数据、设备资产数据、经营管理数据、地理人文数据等，均属于油田数据的范畴。

数字油田数据，是数字油田建设以来出现的一个新概念，是对油田勘探开发过程特征的数值描述。数字油田数据建设是在信息技术主导下完成的，数字油田数据形成了不同意义的概念。人们用计算机原理认识数据，是以数据能被计算机所识别为原则，认为"数据是指存储在某类介质上能够被识别的物理符号，是信息的载体"。同时，又认为数据是描述事物的符号记录，如地震曲线图、测井综合曲线图等。由此可见，数据在数字油田中的概念并不清晰。因此，在对油田数据的定义中出现了诸多歧义。从目前来看，数字油田数据既包含科学研究的数据，也包含着计算机管理的数据，这两大数据概念有着很大的区别。

（4）油田数据的划分原则。

为了给出油田数据的明确概念，首先需要遵循科学的数据划分规则对其进行分类，主要遵循如下划分原则：

首先，要遵循数据源头与去向原则。这是一个最基本的原则，非常重要，如果不能遵循这一原则，数据就会出现混乱。

其次，数据划分要符合油田企业实际，这就是实事求是的原则。在油田，人们常说"数据为王"，在油田，没有数据，就没有油气资源；没有油气资源，就没有油气田。

再次，要遵循数字油田的本质内涵与规律来划分。数字油田的本质是要利用数字油田技术寻找更多的油气资源，提高采收率，改变油气田生产运行管理方式，提高油气田管理效率，提升油田企业竞争能力与价值。数字油田的基本要素是数字、数据、信息、知识与智慧。因此，在数字油田数据建设中从源头采集的数据是最为重要的数据。

根据以上划分原则，将油田数据分为两类：一类是从源头上采集的、可供科学研究的数据，命名为油田数据；另一类是能够按照计算机原理管理的数据，就是信息技术中按照计算机模型编码能够被计算机识别与管理的数据，称之为计算机数据。具体而言，油田数据是指在数字油田或智能油田建设过程中，通过对油田全部纸质数据数字化后存入数据库中的所有数据以及在数字油田生产过程中由数据采集、存储、管理和应用系统等产生的数据。

1.4.2 油田数据学概念及特征

油田数据学是一门新兴的关于油田数据的科学，也是研究数据科学与大数据分析技术的一门学问，是数字油田发展的产物，必将随着数字油田及智能油田的发展而逐渐得到发展壮大。

油田数据学的提出，是社会发展、石油类人才培养和油田企业提质增效、获取经营利润的需要，主要体现在如下几个方面：

（1）油田数据学的提出是大数据时代发展的必然产物。

随着云计算、移动互联网和物联网等新一代信息技术的创新和应用普及，社会发展正在经历一场由数据引发的社会革命，大数据已经广泛应用于与日常生活息息相关的诸多领域，并且正在成为经济社会发展的新的驱动力。大数据不仅是一场技术革命，它还是一场经济变革。在信息化发展的新阶段，大数据已经成为世界各国竞相发展及竞争的焦点。大数据正在改变各国综合国力，重塑未来国际战略格局。越来越多的用户在考虑如何使用大数据解决方案来提升企业或个人的业务水平，大数据将成为成本领先、差异化、集中化三大传统企业竞争战略之后，企业可以选择的第四种战略，改变了人们的决策过程，使决策更加科学和合理。

由此可见，大数据已经成为国家发展规划中的重要部分，大数据技术的整体领先也是国家软实力的象征。全方位探索大数据的价值，深度落地大数据应用，已经成为大数据行业发展最直接、最核心的方向。

长期以来，油田企业在生产经营过程中积累了大量的各种数据，包括地质勘探数据、油气井产量数据等。如何利用大数据技术，降低油气勘探开发成本，提高生产效率等已成为油田企业信息化发展新的突破点。因此，油田数据在油田企业被赋予了更加重要的意义，如何科学地利用这些数据，迫切需要建立一门研究油田数据的学科，即油田数据学。在中国，高志亮等已开始对油田数据学展开了相关研究，为油田数据学的学科建设奠定了一定的基础。

（2）油田数据学是石油类人才培养的需要。

随着科技进步和发展，我国石油行业逐步走向全球，社会对石油类综合型人才的需求越来越大。由于石油行业是一个非常庞大的行业，涉及地质、勘探、开发、生产和储运等多个业务及技术领域，所以在石油类人才培养方面也建立了相对应的多个学科领域，并培养了各领域的专门人才。但是，中国石油类专业人才培养模式存在着培养目标定位单一、专业特色不足，课程体系缺乏有机集成、课程间联系不紧密、与实际应用相差较大等问题。究其原因，主要是各学科领域的核心技术差别较大，关联性不强。

总体来看，石油行业的各个领域中都包含着对数据的采、存、管、用，而油田数据又像血液一样流淌在油田业务的全过程中，使油田行业成为一个有机的整体。因此，油田数据学可以构成一个独立的油田领域的学科，形成关于油田数据的学问，并承担培养石油类综合型人才的重要任务，确立数据意识、树立数据思想，形成数据驱动的工作模式，为石油行业培养出懂数据、研究数据、会用数据解决实际问题的石油类数据人才。

（3）油田数据学是油田企业提质增效的需要。

油气是储存于复杂地质条件、分布于复杂政治经济环境的特殊能源，而油气资源的开发不仅具有高风险、高科技、高投入的"三高"特点，而且还是一个集工程技术与政治、经济一体化的系统工程，是油田企业生存与发展的关键。当前，我国油气资源面临勘探难度大、开发条件日趋复杂、资源品质劣质化程度加大以及全球低油价的市场压力，对油田企业的经营管理和决策优化提出了严峻挑战，不仅需要多学科、多部门的融合创新，还需要把握全局性、先导性和综合性的技术与管理政策，为油田企业提质增效提供科学的工程技术决策。

事实上，油田企业的工作一直是与数据相关的工作。例如，在油气田开发过程中，需要利用各类数据综合研究地质、储层、油气藏圈闭等问题，进而编制方案、制订相关策略，以实现提高采收率的目标。因此，油田数据学是油田企业发展的需要。同时，随着社会的发展以及受国际油价低位运行的影响，油田企业需要考虑转型发展，由原来的"勘探—效益"型发展转向"开发—效益"型发展，这需要大量地利用油田企业在生产经营过程中积累的油气藏勘探、开发、生产及储运等数据，对"老、难、艰、深"的油田实施基于数据的深度开发，以获得最大的效益。所以，油田数据学在油田企业转型发展中将会发挥更大的作用。

1.4.3　油田数据学的主要研究内容

通常所说的"数据学"，包括数据勘探、数据获取与整合、数据挖掘、数据实验以及数据学的应用等，主要是研究计算机领域的数据问题。对于油田企业而言，油田数据是发现油和气的前提，也是油田数据的主要研究对象。因此，油田数据学的研究范畴是数据学相关研究在油田领域的扩展和创新，是服务于石油行业的一门科学。油田数据学主要研究内容包括如下几个方面：

（1）数据和油田数据。

油田数据学的研究中，需要明确传统数据学与油田数据学的研究对象和范畴，以及两者之间的关系。

数据是指对客观事件进行记录并可以鉴别的符号，是对客观事物的性质、状态以及相互关系等进行记载的物理符号或这些物理符号的组合。数据是进行各种统计、计算、科学研究或技术设计等所依据的数值，是一种广义的概念。在计算机科学中，数据是指所有能输入到计算机并被计算机程序处理的符号的介质的总称，是用于输入电子计算机进行处理，具有一定意义的数字、字母、符号和模拟量等的通称。

在油田数据学中，油田数据是指油田科学研究与油田数字化管理的数据，这种数据是可以转化为油气信息的数据，是一种狭义的数据。用比喻的说法，油田数据是"会说话石头的语言"。通常情况下，石头是无意识的，是不会说话的。但是在石油行业，这些"石头"又会像人一样说话，它们希望能够完美地表达自己在哪儿，处于什么状态，如储层岩性、含油性、孔隙度、渗透率、含油饱和度等。这种表达，需要人们利用一定的技术方法与手段，通过测试获得的数据，就是它们的"语言"。

（2）油田数据结构。

从计算机科学的视角来看，数据分为结构化数据、半结构化数据和非结构化数据三种类型。

结构化数据是指可以使用关系型数据库表示和存储，表现为二维形式的数据。一般特点是：数据以行为单位，一行数据表示一个实体的信息，每一行数据的属性是相同的。结构化数据的存储和排列是很有规律的，这对查询和修改等操作很有帮助。但是，由于结构化数据的数据结构通常固定不变，所以它的扩展性不好。典型的结构化数据包括：信用卡号码、日期、财务金额、电话号码等。

半结构化数据是结构化数据的一种形式，它并不符合关系型数据库或其他数据表的形式关联起来的数据模型结构，但包含相关标记，用来分隔语义元素以及对记录和字段进行分层。因此，它也被称为自描述的结构。半结构化数据中，同一类实体可以有不同的属性，即使它们被组合在一起，这些属性的顺序也并不重要。常见的半结构数据有 XML 和 JSON。

非结构化数据本质上是结构化数据之外的一切数据。它不符合任何预定义的模型，因此它存储在非关系型数据库中，并使用 NoSQL 进行查询。它可能是文本的或非文本的，也可能是人为的或机器生成的。简单地说，非结构化数据就是字段可变的数据。

油田数据中，像地质勘探图像数据和功图等均是非结构化数据，这类数据占比较大。在油田数据应用中，是将这些非结构化数据转化为结构化数据并利用成熟的结构化数据处理软件加以利用，还是直接对这些数据开发非结构化数据处理技术？首先，需要我们明确计算机数据结构与油田数据结构的概念；然后，需要我们在学习、研究油田数据中慢慢进行探索。因此，油田数据结构是一个值得深入研究的课题，是油田数据得以充分利用的重要前提。

（3）油田数据的应用研究。

油田企业的主营业务是勘探、开发与生产等，数据贯穿于主营业务之中。因此，必须将主营业务作为油田数据研究的依托，使油田数据更好地服务于各类业务，形成"数据支撑业务，业务丰富数据"的良好循环。总体来看，油田数据的应用主要涉及如下业务：

① 油气藏勘探数据。油气藏勘探是为了识别勘探区域内的油气资源，探明油气储量而进行的地质调查、地球物理勘探、钻探及相关活动。这是油气开发前进行的前期工作，也是油田企业主营业务中的第一个关键环节。按照数据"采、存、管、用"的规律，重点研究勘探数据是怎么产生的，这些数据具有什么样的特征与规律，这些数据如何处理和应用，这些数据能够解决油田企业中什么样的问题等。

② 油气开发数据。油气开发是指对已探明的油气藏实施产能建设和油气生

产的经济活动。在描述清楚了开发工作与工艺技术方面的工作外，主要研究开发工作中需要什么样的数据，这些数据需要进行什么样的加工、处理，具有哪些工具软件，这些软件对数据有什么样的要求，以及将油田数据转化为什么样的成果及其分析方法等。

③ 油气生产数据。油气生产是指将油气从油气藏提取到地表以及在矿区内收集、拉运、处理、现场储存和矿区管理等活动。对油气生产数据的研究中，主要研究数字油田建设中的数据问题，研究生产过程的各类数据，以及数据在生产运行过程中的应用问题。

④ 油气储运数据。油气储运工程是连接油气生产、加工、分配和销售诸环节的纽带，它主要包括油气田集输、长距离输送管道、储存与装卸及城市输配系统等。主要研究储运数据生产、数据格式、数据作用等，还包括长输管道泄漏及防控研究等，从而有利于培养油气储运领域的数据人才。

⑤ 地质研究与油气藏决策数据。地质研究与油气藏决策研究，涉及勘探、开发和生产等多个专业领域，是一个属于综合性探索研究数据的工作，需要综合应用各种技术与数据，包括地震、地质、钻井、测井、采油、测试和分析化验等数据的支持，并采用数据挖掘、机器学习、统计学和运筹学等技术方法，在多领域专业人员协同工作中进行地质研究与油气藏决策。因此，研究地质与油气藏决策数据中，主要是对地质研究中的数据要求、数据特征和数据处理过程等形成数据模型，再建立油气藏模型，然后利用数据分析方法将数据转化为油气资源信息进行综合研究。

1.5　油田大数据发展趋势

科学技术的进步促进了社会的生产，改善了人们的日常生活，互联网技术和信息技术的交互也大幅度加快了大数据技术的发展进程。随着大数据时代的到来，大数据技术在各个领域得到日益广泛的应用。

大数据是新时代最重要的"数字金矿"，大数据应用技术是全球数字经济发展的新动力。数据资源如同农业时代的土地和劳动力，工业时代的技术与资本，已经成为信息时代重要的基础性战略资源和关键生产要素，是推动经济发展质量变革、效率变革与动力变革的新引擎，不断驱动人类社会在信息化时代中的前进步伐，逐步向智能化时代迈进。

大数据作为数据资源价值挖掘的动力源，受到了世界各国政府和国际组织的高度重视。大多数国家和地区竞相开展关于大数据的战略布局，推动大数据技术创新研发与产业应用落地，旨在以大数据为抓手，抢占数字经济时代全球竞争的制高点。例如，英国石油公司在某采油厂安装无线感应器，通过全网式的数据采集，发现存在着某些种类的原油比其他种类更有腐蚀性的现象。这个发现可以及时提醒采油厂在设备和管线的使用上加强防范，使生产更安全。虽然这只是一个简单的应用案例，但是已经能够说明大数据分析的应用对石油行业有着重要的作用和意义。

近年来，国际油价呈现断崖式下降，利润空间大幅压缩，使得所有石油企业都面临降低成本、提高安全环保水平的巨大挑战，实现油田数字化、智能化运营，以及科学化、透明化管理，已经成为不少石油企业可持续发展的首要战略目标。要想尽快实现这一战略目标，必须加快大数据技术的创新与应用，为创建智能油田提供技术保障。

总体而言，油田大数据技术的发展趋势主要体现在如下几个方面：

（1）油田产业物联网。

物联网是指通过各种信息传感器、射频识别技术、全球定位系统、红外感应器及激光扫描器等各种装置与技术，实时采集任何需要监控、连接与互动的物体或过程。

油田企业想要实现大量的开采和数据化管理，必须依赖于物联网技术，利用物联网技术，建立覆盖全公司油气井区、计量间、集输站、联合站与处理厂等区域的规范、统一的数据管理平台，形成油田产业物联网，实现生产数据自动采集、远程监控、生产预警，支持油气生产过程管理，并借助人工智能技术，进一步提高油气田生产决策的及时性和准确性，提高生产管理水平，降低运行成本和安全风险。

当前，中国石油的油气生产物联网建设正在如火如荼地进行中，未来将会统一对所辖的16家油气田进行物联网的建设，统一标准、规范相关技术细节。当油气生产物联网建设完成之后，油田产业就具备了类似人的感官和神经，在物联网技术的支持下，中国石油产业的大数据分析将会得到显著性的提升。

（2）油田场景虚拟现实技术。

虚拟现实（Virtual Reality，VR）技术是一种可以创建和体验虚拟世界的计算机仿真系统。它利用计算机生成一种模拟环境，利用多源信息融合的交互式三维动态视景和实体行为的系统仿真使用户沉浸到该环境中。

随着石油生产装置的大型化、复杂化，安全问题日益突出，爆炸、石油泄漏等生产事故不断发生，这些生产事故不仅仅对人们的生命和财产造成了巨大伤害，同时也造成了严重的社会问题。针对这些问题，基于油田大数据和大数据应用技术背景下的油田场景虚拟现实技术能够在技能培训、应急演练等方面提供相关的技术支持。在设备拆卸实训中，以油库场地为例，为了保证设备安全运行，常用设备需要经常拆卸组装，这样会造成大量的时间浪费。在保障人身安全及设备完好的前提下，利用 VR 技术，工作人员可以不分时间地点能够反复地进行设备装拆实训，有利于提高工作的效率。

在应急演练方面，传统的实地应急演练对场地配套设备设施都有较高的要求，对人员和物资成本的消耗也是一种巨额浪费。通过 VR 技术的应用将大大降低演练成本，并且保证演练过程的安全性，也为演练全过程的分析提供了数据支持。

（3）油田典型应用的大数据分析。

大数据技术在以下几个方面将广泛应用于油气生产领域：① 油气藏勘探。通过应用先进的大数据分析技术，比如模式识别，在地震采集过程中将得到一个更全面的数据集，有利于地质学家识别未使用大数据分析时可能被忽略了的潜在的富有成效的地震数据。② 油气田开发。大数据分析可以帮助石油天然气公司评估生产过程，这些分析涉及地理空间信息、信息推送、油气信息报道等内容，可以让油田企业更智能地开发油气水井，在更富有竞争力的领域发挥大数据分析的作用。③ 钻井。除了基于有限的数据来进行监控和告警，大数据分析可以使用真正的实时"钻井大数据"来基于多个条件预测钻井成功的可能性。④ 生产作业。提高采收率是很多石油天然气生产公司的目标，大数据可以同时使用地震、钻井和生产数据，将储层的变化情况实时地提供给储层分析工程师，为生产人员提供可行的生产方案。类似地，大数据也可以用来引导页岩气压裂。⑤ 预测性维护。预测性维护对于油气田公司来说已经不是一个新的概念了。但是它并没有得到应有的关注和预算。在油气生产过程中，如果压力、体积及温度可以被一起采集和分析，并且与以往的设备损坏历史数据进行比较，那么就可以实现自动化的预测性维护。

（4）油气产业逐渐大数据化。

随着大数据技术的逐渐成熟，油田产业互联网将成为大数据重要的应用领域，大数据将在油气勘探开发等应用平台得到广泛的应用。油气信息化部门将会成为推动大数据技术创新与应用的中坚力量，通过将大数据技术应用于油气生产领域，能够发挥出"降本增效"的作用，促进传统油气行业的创新与发展。

（5）人才大数据化。

大数据的应用必然需要大量的大数据人才，不仅需要专业的大数据平台开发、大数据应用开发、大数据分析、大数据运维等相关的大数据开发人才，更需要大量的特定领域的大数据应用型人才（如基于大数据工具，开展油气勘探大数据分析工作），所以人才大数据化也是未来一个重要的趋势。

总之，随着云计算、物联网、人工智能和大数据等技术与石油石化产业的深度结合，这些新技术将不断推动传统石油产业完成新旧动能的转换，实现更加全面的感知、更加快捷的反应、更加智慧的决策，其必将在数据资产、运营管理及人才储备等方面塑造智能化油田产业的新未来。

第 2 章　油田大数据

随着我国经济的高速发展，对油气资源的需要量不断增加，各种复杂油田不断投入开发，对开采技术的要求不断提高，油田经营管理难度逐渐加大。随着信息技术与油气藏开发管理的不断融合，数字油田向智能油田的建设加速推进，油田数据的地位和作用就显得越来越重要。油田数据不仅是油田企业经营管理的核心资产，更是油田企业的宝贵资源与财富，甚至成为企业运行的血液，利用好各类油田数据可以为石油企业创造更多的财富与价值。

2.1　关于大数据

信息时代的来临，大数据成为一个全新的概念。要充分理解和应用好这个概念，需要从不同的维度和视角来看。今天，大数据（Big Data）是一种技术、一种产业、一种资源，也是一种理念和一种思维方式，甚至可以说是一个新的时代特征。大数据已经融入了经济社会发展的方方面面，做什么事情都涉及大数据的概念，甚至可以用大数据理念来指导各行各业，也就是用大数据来改进、推动各项工作；比较常见的是通过大数据技术分析来预测未来趋势与变化，从而改变现有的工作方式，提高资源配置的效率。实践表明，大数据在推动经济转型与升级、服务社会民生、促进政府治理体系和治理能力现代化等方面都发挥了越来越显著的特殊作用。

2.1.1　大数据的概念

通常而言，大数据是指无法在一定时间范围内用常规软件工具进行捕捉、管理和处理的数据集合，是需要采用新处理模式才能具有更强的决策力、洞察发现力和流程优化能力的海量、高增长率和多样化的信息资产。不同机构和组织对大数据提出了多种定义，现简要描述如下：

在维克托·迈尔－舍恩伯格及肯尼斯·库克耶编写的《大数据时代》中，大数据指不用随机分析法（抽样调查）这样的捷径，而采用所有数据进行分析处理。

研究机构 Gartner 给出了这样的定义："大数据"是需要新处理模式才能具有更强的决策力、洞察发现力和流程优化能力来适应海量、高增长率和多样化的信息资产。

麦肯锡全球研究所给出的定义是：一种在获取、存储、管理、分析方面的规模大到远远超出了传统数据库软件工具能力范围的数据集合，具有海量的数据规模、快速的数据流转、多样的数据类型和价值密度低等四大特征。

大数据技术的战略意义不在于掌握庞大的数据信息，而在于对这些含有意义的数据进行专业化处理。如果把大数据比作一种产业，这种产业实现盈利的关键，在于提高对数据的"加工能力"，通过"加工"实现数据的"增值"。在具体应用中，可以从如下三个方面来丰富和发展大数据的相关概念及应用：

（1）大数据重新定义了数据的价值。

大数据既代表了技术，同时也代表了一个产业，更代表了一个发展的趋势。大数据技术指的是围绕数据价值化的一系列相关技术，包括数据的采集、存储、安全、分析、可视化、服务等。而大数据产业，指的是以大数据技术为基础的各种各样的产业生态。目前，大数据的产业生态才刚刚起步，还有待进一步开发、创新和完善。大数据将成为一个重要的创新领域，具有较大的发展空间。

（2）大数据为智能化社会奠定了基础。

人工智能的发展需要三个基础，分别是数据、算力和算法。可以说，大数据对于人工智能的发展具有重要的意义。目前在人工智能领域之所以在应用效果上取得较为明显的效果，一个重要的原因就是具有大量的数据基础，对算法的训练过程和验证过程有非常高效的支撑，从而提升算法的应用质量。

（3）大数据促进了社会资源的数据化进程。

大数据产业的发展使得数据产生了更大的价值，这个发展过程会在很大程度上促进社会资源的数据化进程。而更多的社会资源实现数据化之后，大数据的功能边界也会得到不断地拓展，从而带动一系列基于大数据的创新应用。

目前，大数据之所以受到世界各国的高度重视，其重要原因是大数据不仅仅重新定义了数据的概念和意义，开辟了一个新的价值领域，而且使得大数据将逐渐成为一种重要的生产材料，甚至可以说大数据将是智能化社会的一种新兴能源，将推动产业的高速变革和社会的巨大进步。

2.1.2　大数据的特点

大数据具有数据体量巨大（Volume）、多样性（Variety）、价值密度低（Value）、速度快（Velocity）、真实性（Veracity）等特点，简称 5V 特点。

（1）数据体量巨大。

首先，大数据特点体现了"大"的特点。从一开始的 GB 级别，增到 PB 级别，其起始计量单位至少是 PB（1000TB）、EB（100×10^4TB）或 ZB（10×10^8TB）[❶]。随着信息技术的不断飞速发展，数据更是得到了爆发性的增长。因此，急需开发智能的算法、强大的数据处理平台和新的数据处理技术，来统计、分析、预测和实时处理这么大规模的数据。

（2）多样性。

随着传感器、智能设备以及社交协作技术的飞速发展，众多的数据来源，决定了大数据形式的多样性。既包括关系型数据，这种结构特征明显的结构化数据，也包括图片、音频和视频等非结构化数据，还包括网页、系统日志等半结构化数据。数据来源也越来越多样，不仅产生于组织内部动作的各个环节，也包括来自组织外部的各类数据。

（3）价值密度低。

大数据由于体量不断加大，单位数据的价值密度在不断降低，然而数据的整体价值在提高。与传统的小数据相比，大数据最大的价值是通过从众多不相关的各种类型的数据中，可以挖掘出对未来趋势与模式预测分析有价值的数据。还可以通过机器的学习方法、人工智能方法或数据挖掘方法去深度分析，然后发现新规律和新知识，且运用于工农业、金融、医疗等不同领域，最终可以达到改善社会治理、提高生产效率、推进科学进步的效果。

（4）速度快。

在数据处理速度方面，有一个著名的"1 秒定律"，即要在秒级时间范围内给出分析结果超出这个时间，数据就失去价值了。这是大数据区别于传统数据挖掘最显著的特征。

一是数据产生速度快。通过各种联网设备及不同应用场景中的传感器，大数据的产生速度十分迅速。

二是数据处理时效高。花费大量资金去存储作用较小的历史数据，这样是

---

❶　GB—10^9 字节；PB—10^{15} 字节；EB—10^{18} 字节；ZB—10^{21} 字节；TB—10^{12} 字节。

很不划算的，因而这些数据也是应该及时处理的。大数据对处理的速度有很严格的要求，服务器中很多的资源都用于处理和计算数据，而很多平台都需要做到实时分析。数据时刻都在产生，所以谁的处理速度更快，谁就会有优势。

（5）真实性。

数据的重要性在于对决策的支持，数据的真实性和质量是获得真知和思路最重要的因素，是制订成功决策最坚实的基础。大数据中的内容是与真实世界中发生的事情息息相关的，研究大数据就是从庞大的网络数据中提取出能够解释和预测现实事件的过程。

大数据需要特殊的技术，以有效地处理大量的容忍经过时间内的数据。适用于大数据的技术，包括大规模并行处理（MPP）数据库、数据挖掘、分布式文件系统、分布式数据库、云计算平台、互联网和可扩展的存储系统等。

从技术上看，大数据与云计算的关系就像一枚硬币的正反面一样密不可分。大数据无法用单台的计算机进行处理，必须采用分布式架构。它的特色在于对海量数据进行分布式数据挖掘。但是，它必须依托云计算的分布式处理、分布式数据库和云存储、虚拟化技术。

2.1.3　大数据的作用

大数据虽然孕育于信息通信技术，但它对社会、经济和生活产生的影响绝不限于技术层面，它为人们看待世界提供了一种全新的方法，即决策行为将日益依赖于大数据分析，而不是像过去更多凭借经验和直觉。

从当前的技术体系结构来看，大数据技术涵盖了从数据采集、传输、存储到分析、呈现和应用的一系列环节，大数据技术体系也正在从数据分析（基于大数据平台）向数据采集和数据应用两端发展，同时也出现了行业分工。所以，当前的大数据本身就代表了一个产业链，这个产业链的规模也将随着大数据的落地应用而不断发展和壮大。

从大数据的应用层面来看，大数据正在开辟出一个新的价值空间，这是大数据之所以被广泛重视的重要原因。大数据的价值空间非常大，基于大数据的价值空间可以完成大量的创新，而这些创新本身也将推动大数据全面与行业领域的结合。在工业互联网的推动下，大数据技术的落地应用将全面促进行业资源的数据化，这会进一步提升数据自身的价值密度。

对于行业领域来说，大数据的作用可以从三个方面来理解：一是大数据能够提升行业领域的管理能力，当前基于大数据的管理模式正在从互联网行业向传统行业覆盖，关键点在于价值衡量体系的打造；二是大数据能够促进行业领域的创新，这个过程也会促进物联网和人工智能等技术的落地应用；三是大数据能够为行业领域带来新的价值增量，并且这个价值增量的空间非常大。

大数据的意义或作用可以归结为四个字：辅助决策。利用大数据分析，能够总结经验、发现规律、预测趋势，这些都可以为决策提供辅助服务。人们掌握的数据信息越多，在进行决策时才能更加科学、精确、合理。从另一个方面看，数据本身不具有价值或者不产生价值，而大数据必须和其他具体的领域、行业相结合，能够给相关决策提供帮助之后，才具有价值。这就使得很多企事业单位都可以借助大数据来提升管理和决策水平，提升企业的经济效益。

2.2　油田大数据简介

随着物联网、云计算及大数据技术的不断发展及应用，油田数据已经不是简单意义上对油气藏及其工程的数值描述，而是通过各种信息手段应用数据来具体描述不同油气对象的特征。在数字油田及智能油田建设中，数据被赋予了诸多丰富的内涵，既是油田勘探开发、生产管理每一个环节的资源和结果，也是油田研究与决策的依据和资源，更是数字油田及智能油田建设中重要的任务。

2.2.1　油田大数据的概念

对于油田来说，大数据出现后，需求将不再完全由业务部门明确提出，更多的是由技术、模型和经验等综合驱动。同时，从基础设施架构到分析应用，大数据的处理方式和技术均发生了改变，需要对所有与数据生成、传递和处理有关的系统进行重新规划和布局，需要对原有的数据架构、数据标准、接口规范等重新设计和统一，需要对企业内外部数据环境进行全面分析，经整体综合考虑后，制订数据模型、架构和解决方案，并最终形成"以数据驱动决策"的全新信息化顶层架构。

实际上，很难用其他行业的大数据套用油田大数据，石油行业中所使用的大数据有着极强的特殊性。石油行业所研究的问题，形式上是油气勘探与开发的技术或生产问题，其背后是基于生产过程的物理和化学规律，其中的大数据应用，应该是结合具体的生产场景，结合复杂的物理数学模型，能够实现各种各样的动态预测。

关于油田大数据的定义，目前还很难准确描述。从麦肯锡全球研究院给出的大数据的定义来看，油田数据本来就属于大数据的范畴，是大数据的特征在油田数据中的具体体现。通常意义上来看，油田大数据是指油田科学研究与油田信息化管理、智能决策的数据。

从最近的研究来看，油田大数据除了具备大数据的数据量大、产生速度快、类型多、价值性、真实性等特征，还是一种块数据。块数据是针对大数据特征提出的一种新的概念，是相对于条数据而言的。

所谓条数据，是指某一领域或行业的数据，尤其是由业务串起来的呈现出链条状的数据轨迹。条数据的特征属于业务与业务、行业与行业、领域与领域相互之间割裂的状态，彼此之间互不通融便可以解决某一类基本问题。例如，在油气藏勘探中，地震勘探数据对储层的反演基本上不需要其他数据的参与就可以实现。这样的模式与状态，使专业领域数据可以自成体系，形成数据体。

与之相比，块数据是在一个物理空间或是一个行政区域中形成的，涉及人、事、物等各类数据的综合。相当于将各类条数据解构，在综合、交叉、融合后，可对某一个区域的问题进行研究与综合分析，并能做出全局性的决策。油田企业的块数据，是指将勘探、开发、生产、集中、运输这些"条"解构，打通这些专业领域自然形成的"壁垒"。例如，在地质研究中，对于油气藏描述中的储层研究，就是将井筒数据、地球物理地质勘探数据、地质研究构造数据与分层数据、生产数据、分析测试数据等综合起来研究，做出地层连通剖面图，这就是块数据的一种体现和应用。

2.2.2　油田大数据的特征

从数字油田数据的定义来看，油田大数据分为两类：一类是即油田企业从勘探开发的生产源头上采集的原始数据体数据，也就是科学数据；另一类是专业人员对生产源头上的原始数据进行推断、解释后的成果数据，包括生产、经营管理中的各种数据，统称为计算机管理数据，也被称为知识数据。

对于油田数据而言，包括地震勘探数据、钻探录井数据、测井数据、岩心测试数据、分析化验数据和试油试采数据，都是通过对地下地质体、砂体、构造、油气水测试得来的，这些数据就是地质体的"语言"，也包括在油田物联网技术或数字采油集输中传感器采集的源头上的数据。这些数据是对地下储层、砂体、构造和油气以及抽油机、油井的真实反映。这一类数据的典型特征包括：

（1）这些数据自带标准，不需要重新利用计算机或数据库标准，因为这些数据专业性很强，都有各自专业性的独立体系，自成标准或格式。

（2）这些数据都是实实在在的数据体，都是非常庞大的数据，具有相对简单性。

（3）这些数据需要关联、组合，构成新的数据模式，通过数据转化后才是真实反映地下地质特征的语言。

（4）不同的专业技术人员、不同业务水平的工作人员，应用这些数据体所研究的结果可能不一样，这些数据具有长期保存的价值，从而构成资产或资源。

（5）这些数据可复用，供不同时间、不同专业的人或多种技术的应用，从而获得新的认识与成果。

对于计算机数据，它加入了研究人员、管理人员的经验与智慧，形成了有价值的知识，可供后人学习，其不具有运算性和可复用性，但是有长期保存与浏览查询特性，也是企业的巨大资产与财富，其在计算机中需要依据计算机的数据模型来进行管理。

综上所述，油田大数据具有如下几个方面的特征：

（1）数据量大。

油田数据是油田企业花重金采集的最原始、最重要的数据，所以采集量特别大。因此，有人说就是大数据，有人说是"块头大"的数据。目前，除了原来的地震数据、非地震数据、钻探数据、测井数据、试油试采数据、岩心测试与分析化验数据等之外，油田物联网采集的油气井产量数据、生产过程与环节中的原始数据都是油田数据。这些数据就是油田企业的财富与资产，必须独立管理。

（2）领域性。

油田数据的领域性特征，表达了油田企业的特征，无论行业内外的人，一眼就可以看出它们是来源于油田。例如，当看到功图数据时，我们会知道它们来自抽油机的监测监控。

（3）物质性。

油田数据的物质性，是指它能够明确表征油气资源在哪里，这是一种真实存在的科学数据，可以用于科学研究与决策。例如，对数字油田中获取的油井、抽油机、站控等数据，通过研究后，可以对抽油机和站控设备进行远程控制与科学决策。

（4）可复用性。

不同于传统意义上的数据可复制性，油田数据的复用性，是指在一次研究中用过这一批数据后，在相关的课题研究中这些数据还可以在不同时间被不同的人再次使用。特别注意的是，在可复用的这些数据中，不同的人在同时研究一个问题时，可能得出不同的结果，即对于同一批数据，由于技术水平、研究经验，以及对数据处理、理解、分析研究的能力不同，不同的人会得出不同的研究结果。究其原因，是由油田数据的丰富内涵所决定的，对于来自同一区域的数据，研究者可能是在不同时期、采用不同的技术处理手段对这批数据进行研究，而研究者的经验、智慧以及数据处理技术会有很大的不同。因此，必须对这些宝贵的油田数据进行独立的管理，让更多的地质学家、数据学家很容易地利用数据，做好各种研究与应用。

（5）数据体。

油田大数据也是数据体。数据体是通常的叫法，主要是块头大后形成了数据的群体。但是，这些数据往往在计算机数据中只是一条，见表2.1。

表 2.1 常用测井数据表

业务		涉及的数据
测井	基础数据	（1）井基础信息；（2）评价基本数据；（3）测井曲线基本数据；（4）一维测井曲线数据；（5）二维测井曲线数据；（6）三维测井曲线数据
	测井数据体	（1）测井图件数据；（2）图件曲线索引表；（3）水淹层解释成果表；（4）饱和度测井解释成果表；（5）综合测井解释成果数据表；（6）测井有效厚度解释数据表；（7）油气田单元信息；（8）井数据；（9）测井项目数据；（10）解释项目数据；（11）测井数据信息；（12）测井图头信息
	解释结果	（1）解释基本数据；（2）储层评价解释结果；（3）固井质量解释结果；（4）井下技术状况监测结果；（5）产出抛面解释结果；（6）注入抛面解释结果；（7）电缆地层测试数据；（8）垂直地震测井解释结果

表2.1中主要收集了在测井中涉及的数据类型与数据。作为地质研究中非常重要的测井数据（源头采集的原始数据），按物理方法有电法测井、声波测井、核（放射性）测井、磁测井、力测井、热测井、化学测井。按完井方式分为裸眼井测井和套管井测井等多达十几种方法。在测井之后提交的测井曲线，不但

给现场工程技术人员提供测井效果，更重要的是给油气开发工程技术人员提供储层及油气层信息，同时对未来区域性地质研究提供数据。但是，在计算机中每一口油气井的测井数据体只是一条，并混杂在测井工作业务其他"数据"之中，如解释成果等。这些成果只能代表这个测井队技术人员的水平，并不一定代表所有人的水平，当地质学家或测井学家再拿出这一口井的测井曲线图时，也许对储层的划分完全不是一个结果。

（6）多源数据。

其多源性除了原始数据采集过程中数据采集系统的多元性造成的数据多源性外，还包括其多期次建设、多厂商技术、多数据库、多元化结构以及多表格等构成的计算机数据的多源性。

（7）多结构化数据。

多结构主要是指多种格式和信息化时代发展出现的多种结构的数据，包括结构化、半结构化与非结构化数据。一方面，大量出现的是数据数字化后大量的图件和音频、视频数据、三维可视化数据；另一方面是不同期次、不同部门、不同 IT 商家技术相对独立应用的数据，导致数据结构和模式无法统一，出现多结构化的特征。

2.2.3　油田大数据建设

油田大数据的建设包括油田数据"采集、存储、管理、应用"整个数据链的建设过程。油田数据的"采集、存储、管理、应用"数据链，从本质上反映了数据的"生命"周期与过程。在这个数据链上，每一部分都是一个环，并以此为中心成为一个链路系统，四个系统环环相扣，构成一个数据链的系统工程。通常，这个系统具有以下特点：

第一，它表达了数据从哪里来到哪里去的生命周期。采集是源头，应用是终结，犹如一个有生命的物质，在生与终的过程中周而复始。

第二，它昭示着数据活动的基本轨迹。数据从哪里来到哪里去，在"采集、存储、管理、应用"数据链中得到了体现。数据在哪里采集，以什么方式采集，采集了多少，这就是数据的诞生，也是数据的开始；数据经过存储和管理之后被分析和应用；整个过程形成数据的一次生命周期，表示数据是按照这样一个活动路线在运行。

第三，它体现了油田数据的基本规律。抓住油田数据的基本规律，就知道数据如何运行，就会找到最科学的数据建设方法，从而把数据建设得更好。

因此，油田大数据建设必须在石油科学方法论、系统工程方法论、油田数据学、信息技术等理论及技术支持下进行。

（1）数据采集。

油田大数据采集是指油田企业利用人工、传感器或其他技术方法在源头上对被测对象原始数据的获取。油田大数据采集是一个很大的系统工程，也是专业性很强的业务技术活动，一般按照专业性质分为勘探技术或方法，如地震数据采集，叫地震勘探方法，测井数据采集，叫测井技术方法等。

在油田大数据建设中，所有的勘探技术及方法，都是数据采集，包括地球物理勘探中的数字录井、测井、岩性测试等技术方法等。除此之外，近年来的数字采油技术也属于数据采集的范畴，人们安装了很多的功图传感器，目的是为了采集抽油机数据，然后对数据处理形成功图，以判断抽油机工作状况和地下井况，这也是数据采集的技术与方法。

数据采集是油田勘探最基本的业务工作之一，也是能否找到油气资源的关键一步。以地震勘探方法为例，说明在油田勘探过程中数据是如何收集的。

地震勘探过程包括野外数据采集、室内数据处理和地震数据解释与推断。野外数据采集阶段的任务是在地质工作和其他物探工作初步确定的含油气目标区，按设计要求布置测线，人工激发地震波，并用野外地震仪记录地震波传播情况。室内数据处理阶段的任务是根据地震波的传播理论、地震勘探的基本原理、信号分析与处理的各种方法等，利用大型计算机对野外获得的原始数据进行各种"去粗取精、去伪存真"的加工处理以及计算地震波在地层内传播的速度等。地震数据解释与推断阶段的任务是以地质理论和规律为指导，综合地质、测井、钻井和其他物探资料，对地震数据进行深入研究、综合分析的过程。

（2）数据存储。

数据采集后需要存储，在油田大数据建设中，将数据数字化成为电子文档，按照要求进行归类及标准化，然后统一提交给数据中心或信息中心，放在各类数据库里，这就是数据存储。油田企业数据存储的建设可以划分为4个主要阶段：起步阶段、专业数据库建设阶段、数据中心阶段和云数据中心阶段。

数据存储在油田大数据"采集、存储、管理、应用"数据链中处于非常重要的位置与环节。没有数据的存储，就没有数据的管理和应用，数据的存储是为了数据更好地管理和应用。

数据存储的过程是对数据再处理的过程，数据通过整理入库，建立数据库管理体系，完成数据管理与应用的准备。各个油田企业均采用数据库和文件系统相结合的方式管理各类数据。

（3）数据管理。

数据管理是按照数据的基本要求和管理学原理将数据管理好，以保证数据的充分应用与最大增值。油田数据管理主要是指对数据资源的管理，主要包含数据治理、数据架构、数据（模型）分析和设计、数据安全管理、数据质量管理、参考和主数据管理、数据仓库和商业智能化管理、元数据管理、组件数据管理等，致力于开发油田数据生命周期的建构、策略、实践和程序。

油田大数据管理的作用在于对数据运行与使用过程的科学管理，有利于提高数据应用的频率和效益，有利于提高企业管理者决策的速度和正确性，有利于提高企业部门协调和管理的能力。

（4）数据应用。

采集数据、存储数据和管理数据，都是为了数据的应用。油田数据应用，一般是指在完成了数字化存储后，结合油气藏开发领域的知识及信息技术，充分地利用数据进行业务工作、科学研究、油田决策和经营管理。

数据通过应用才能发挥作用，才能让数据增值，油田大数据应用的建设原则主要体现如下几个方面：

① 数据应用以油田业务的服务为基础。油气勘探开发主营业务既是业务工程过程，又是数据流过程，共同构建了数据体系。

② 数据应用是一个从数据到信息再到知识加工提炼的过程。数据的应用是利用数据进行认识和分析油气资源目标，进而形成针对油田的认识，并最终形成业务解决方案，指导油气生产和研究的过程。

③ 数据应用以软件的形式实现沟通和交流。油田数据具有海量和多源异构的特点，通过 GIS、图表、二维和三维图形、虚拟现实、数据挖掘等技术进行数据分析和处理，从而达到获取知识的目的。

④ 数据应用具有模型化和可视化的特点。油田业务是针对地下地质状况和油田现状进行预测和分析的过程，是一个根据预测的数据不断加深地下地质认识的过程。因此，油田数据最终要形成一个完整的数据模型并以可视化的方式来表述地下地质概况，从而提供给油气工作者直观认识地质对象的形象化手段。

综上可知，油田大数据的"采集、存储、管理、应用"是油田数据工程的数据链，即由数据串起的一个完整的数据建设工程。

2.3　油田数据管理技术

油田数据管理是指人们对油田数据进行收集、组织、存储、加工、传播和利用的一系列活动的总和。在油田勘探开发的业务运行过程中，根据油田研究与决策的应用需求，结合计算机硬件、软件的发展与完善，油田数据管理经历了人工管理、文件系统管理和数据库管理系统三个阶段。

2.3.1　人工管理阶段

20世纪50年代中期以前，计算机主要用于科学计算，其外部存储器只有磁带、卡片和纸带等，还没有磁盘等直接存取的存储设备。软件只有汇编语言，没有操作系统，没有数据管理方面的软件，数据处理方式基本是批处理，缺乏人机界面，缺乏专业系统。这一阶段利用计算机的领域主要是地震勘探，主要以模拟电子计算机为主，并配备了磁鼓等外部设备和大型电模拟设备。这个阶段有如下几个特点：

（1）应用程序管理数据。

计算机系统不提供对油田数据的管理功能。用户编制应用程序时，必须全面考虑好相关的数据，包括数据的定义、存储结构以及存取方法等。应用程序和数据是一个不可分割的整体，数据脱离了程序就无任何存在的价值。

（2）数据共享性差。

严格意义上说，不同的应用程序均有各自的数据，这些数据对不同的应用程序通常是不相同的，不可广泛共享；即使不同的应用程序使用了相同的一组数据，但这些数据也不能完全地共享，不同的应用程序中仍然需要各自加入这组数据。基于这种数据的不可共享性，必然导致程序与程序之间存在大量的重复数据，浪费了存储空间。

（3）数据不具有独立性。

数据的逻辑结构或物理结构发生变化后，必须对应用程序做相应的修改，数据完全依赖于应用程序、缺乏独立性，加重了程序员的负担。

在人工管理阶段，应用程序与油田数据之间是一一对应的关系，如图 2.1 所示。

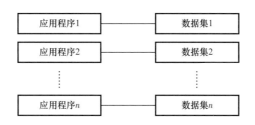

图 2.1　人工管理阶段应用程序与数据之间的一一对应关系

2.3.2　文件系统管理阶段

20 世纪 50 年代后期至 60 年代中期，计算机不仅用于科学计算，还利用在信息管理方面。随着油田勘探开发数据量的增加，数据的存储、检索和维护问题成为紧迫的需要，数据结构和数据管理技术迅速发展起来。此时，外部存储器已有磁盘、磁鼓等直接存取的存储设备。软件领域出现了操作系统和高级软件，操作系统中的文件系统是专门管理外存的数据管理软件，文件是操作系统管理的重要资源之一。数据处理方式有批处理方式，而且还能够联机实时处理。用文件系统管理数据具有如下几个特点：

（1）数据可以长期保存。

数据以"文件"形式可长期保存在外部存储器的磁盘上。由于计算机的应用转向信息管理，数据需要长期保留在外存上反复进行大量的查询、修改、插入和删除等操作。

数据的逻辑结构与物理结构有了区别，但比较简单。程序与数据之间具有"设备独立性"，即程序只需用文件名就可与数据打交道，不必关心数据的物理位置。由操作系统的文件系统提供存取方法（读／写）。

文件组织已多样化，有索引文件、链接文件和直接存取文件等，但文件之间相互独立、缺乏联系，数据之间的联系需要通过程序去构造。

（2）数据不再属于某个特定的程序，可以重复使用，即数据面向应用。

文件系统把数据组织成相互独立的文件，利用"按文件名访问、按记录进行存取"的管理技术，提供了对文件进行打开与关闭，对记录进行读取和写入等存取方式。但是，文件结构的设计仍然是基于特定的用途，程序基于特定的物理结构和存取方法。因此，程序与数据结构之间的依赖关系并未根本改变。用文件系统管理数据存在如下缺点：

① 数据共享性差，冗余度大。由于文件之间缺乏联系，造成每个应用程序都有对应的文件，有可能同样的数据在多个文件中重复存储。因此，数据的冗余度大，浪费存储空间。同时，由于相同数据的重复存储、各自管理，容易造成数据的不一致性，给数据的修改和维护带来了困难。

② 数据独立性差。文件系统中的文件是为某一特定应用服务的，文件的逻辑结构是针对具体的应用来设计和优化的，因此要想对文件中的数据再增加一些新的应用会很困难。而且，当数据的逻辑结构改变时，应用程序中文件结构的定义必须修改，应用程序中对数据的使用也要改变，因此数据依赖于应用程序，缺乏独立性。

文件系统仍然是一个不具有弹性的无整体结构的数据集合，即文件之间是孤立的，不能反映油田勘探开发各业务之间的内在联系。文件系统管理阶段应用程序与数据之间的关系如图 2.2 所示。

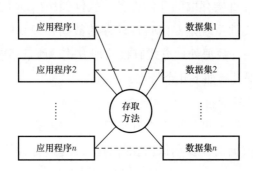

图 2.2　文件系统管理阶段应用程序与数据之间的对应关系

2.3.3　数据库管理系统阶段

20 世纪 60 年代后期以来，计算机管理对象的规模越来越大，应用范围越来越广泛。油田数字化建设方兴未艾，数据量急剧增长，同时多种应用、多种语言互相覆盖地共享数据集合的要求越来越强烈，以文件系统作为数据管理手段已经不能满足应用的需求，于是为解决多用户、多应用共享数据的需求，使数据为尽可能多的应用服务，数据库管理系统的相关管理技术得到前所未有的发展，为在油气勘探开发各业务的数据应用创造更好的条件。

数据库管理系统克服了文件系统的缺陷，提供了对数据更高级、更有效的管理，实现了整体数据的结构化。这个阶段的程序和数据的联系通过数据库管理系统（DataBase Management System，DBMS）来实现，如图 2.3 所示。

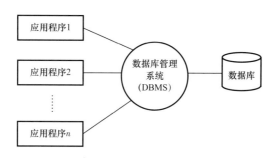

图 2.3 数据库管理系统阶段程序和数据之间的联系

在数据库管理系统阶段，计算机技术在石油工业领域进入了全面推广阶段，由主要以地球物理勘探为主，逐步向油气开采、测井、地面工程、石油装备、经济评价等多领域渗透，并且在各专业领域之间能够进行数据共享，开展了勘探开发数据标准化和建库模式的初步研究。

概括起来，数据库管理系统阶段的油田数据管理具有如下特点：

（1）采用数据模型表示复杂的数据结构。

数据模型不仅描述数据本身的特征，还要描述数据之间的联系，这种联系通过存取路径实现。通过所有存取路径表示自然的数据联系是数据库与传统文件系统的根本区别。这样，数据不再面向特定的某个或多个应用，而是面向整个应用系统。数据冗余明显减少，实现了数据共享。

（2）有较高的数据独立性。

虽然数据的逻辑结构与物理结构之间的差别可以很大，但用户以简单的逻辑结构操作数据而无须考虑数据的物理结构。数据库的结构分成用户的局部逻辑结构、数据库的整体逻辑结构和物理结构三级。用户（应用程序或终端用户）的数据和外存中的数据之间的转换由数据库管理系统来实现。

（3）数据库管理系统为用户提供了方便的用户接口。

用户可以使用查询语言或终端命令操作数据库，也可以用程序方式（如用高级程序设计语言和数据库语言联合编制的程序）操作数据库。

（4）数据库管理系统提供了数据的控制功能。

数据库管理系统提供的数据控制功能包括如下几个方面：

① 数据库的并发控制。对程序的并发操作加以控制，防止数据库被破坏，杜绝提供给用户不正确的数据。

② 数据库的恢复。在数据库被破坏或数据不可靠时，系统有能力把数据库恢复到最近某个正确状态。

③ 数据的完整性检查。数据的完整性指数据的正确性、有效性和相容性。完整性检查将数据控制在有效的范围内，并保证数据之间满足一定的关系，保证数据库中数据始终是正确的。

④ 数据的安全性保护。数据的安全性是指保护数据以防止不合法使用造成的数据泄密和破坏。保障每个用户只能按一定的规范对某些数据以某种方式进行作用和处理。

上述三个阶段的发展主要以数据存储冗余不断减小、数据独立性不断增强、数据操作更加方便和简单快捷为标志，显示出以下特点，见表2.2。

表2.2　数据管理三个阶段的背景及特点比较

	比较项目	人工管理阶段	文件系统管理阶段	数据库管理系统阶段
背景	应用背景	科学计算	科学计算、数据管理	大规模数据管理
	硬件背景	无直接存取存储设备	磁盘、磁鼓	大容量磁盘、磁盘阵列
	软件背景	没有操作系统	有文件系统	有数据库管理系统
	处理方式	批处理	联机实时处理、批处理	联机实时处理、批处理、分布处理
特点	数据管理者	用户（程序员）	文件系统	数据库管理系统
	数据面向对象	某一应用程序	某一应用	油气田公司
	数据的共享程度	无共享、冗余度极大	共享性差、冗余度大	共享性高、冗余度低
	数据的独立性	不独立，完全依赖于程序	独立性差	具有高度的物理独立性和一定的逻辑独立性
	数据的结构化	无结构	记录内有结构、整体无结构	整体结构化，用数据模型描述
	数据控制能力	应用程序自己控制	应用程序自己控制	由数据库管理系统提供数据安全性、完整性、并发控制和恢复能力

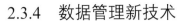

2.3.4　数据管理新技术

目前，油气勘探开发的各种数据库、专业软件和信息系统等多为自主开发和独自引进。随着信息化建设的不断推进，不可避免地出现了数据源头不明、信息标准不一，相互独立、重复建设，信息采集渠道分散并分别集中在不同层次等诸多弊病，这样很难实现油田勘探开发环节间的数据共享，且容易产生数据冗余，造成"各自为战，重复投入，使用效率低下"的局面。

出现这种现状的主要原因是在信息化建设初期对数据特性认识不到位，各个部门都仅为满足眼前的自身目标而量身定制，主管部门未进行严格统一的规划，造成数据管理和应用系统建设缺乏有效规划、数据共享困难，已成为制约目前油气田公司开展油田数据管理的瓶颈。如何将不同专业系统的数据管理集成到统一数据管理和分布式中心平台，消灭信息孤岛，实现油气田公司各个部门高效应用油田数据成为数字化油田建设的一项关键性基础任务。为此，1990年 10 月，BP Exploration，Chevron，Elf Aquitaine，Mobil 和 Texaco Inc 等五大国际石油公司发起成立了石油技术开放标准联盟（Petrotechnical Open Standards Consortium，POSC），其目的是解决石油勘探开发软件集成化方面的标准问题。与此同时，各石油公司开始从战略层次对企业的信息化建设进行全面规划，开展数字油田建设，推动了数据管理新技术在石油行业中的应用。

随着数字油田建设的进展，数据获取手段更加自动化、多样化和智能化，数据量也越来越大。对于海量数据的存储和管理，要求系统具有高度的可扩展性和可伸缩性，以满足数据量不断增大的需要。此外，数据类型多样和异构，从结构化数据扩展到文本、图形图像、音频和视频等多媒体数据，这要求系统具有存储和处理多样异构数据的能力，特别是异构数据之间联系的表示、存储和处理，以满足对复杂数据的检索和分析的需要。

从应用和需求的发展来看，数据处理和应用的领域已经从联机事务处理（On-Line Transaction Processing，OLTP）为代表的事务处理扩展到联机分析处理（On-Line Analysis Processing，OLAP），从对数据仓库中结构化的海量历史数据的多维分析发展到对海量非结构化数据的复杂分析和深度挖掘，并且希望把数据仓库的结构化数据与互联网上的非结构化数据结合起来进行分析挖掘，把历史数据与实时流数据结合起来进行处理等。

随着数据管理技术的发展，数据库技术被广泛应用到石油工业的各个领域中，出现了数据仓库、工程数据库、统计数据库、空间数据库、科学数据库等多种数据库，使数据库领域的应用范围不断扩大。同时，产生了分布式数据库系统、对象关系数据库系统、内存数据库系统、大数据管理系统、数据仓库与联机分析处理技术等一系列数据管理新技术。它们具有不同的特点：

（1）分布式数据库系统。

分布式数据库系统由一组数据组成，这些数据物理上分布在计算机网络的不同计算机上，逻辑上属于同一个系统，网络中的每个结点具有独立处理的能力（称为场地自治），可以执行局部应用。同时，每个结点也能通过网络通信子系统执行全局应用。分布式数据库系统强调了场地自治性和自治场地之间的协作性。每个场地是独立的数据库系统，它有自己的数据库、自己的用户、自己的 CPU，运行自己的数据库管理系统（DBMS），执行局部应用，具有高度的自治性。同时，各个场地的数据库系统又相互协作组成一个整体。这种整体性的含义是，对于用户来说，一个分布式数据库系统逻辑上看如同一个集中式数据库系统一样，用户可以在任何一个场地执行全局应用。

分布式数据库系统除了具有集中式数据库系统的优点之外，还具有数据独立性、集中与自治相结合的控制结构、全局的一致性、可串行性和可恢复性等特点。

（2）对象关系数据库系统。

对象关系数据库系统（Object Relational DataBase System，ORDBS）是面向对象数据模型和关系数据模型相结合的产物。它是一个集成了数据库能力与面向对象编程语言能力的数据库管理系统，ORDBS 使数据库对象看起来像是已有的一个或多个程序设计语言中的程序设计语言对象。ORDBS 除了具有原来关系数据库的各种特点外，还具有以下特点：

① 扩充数据类型，例如可以定义数组、向量、矩阵、集合等数据类型以及这些数据类型上的操作。

② 支持复杂对象，即由多种基本数据类型或用户自定义的数据类型构成的对象。

③ 支持继承的概念。

④ 提供通用的规则系统，大大增强对象—关系数据库的功能，使之具有主动数据库和知识库的特性。

（3）内存数据库系统。

内存数据库（Main Memory DataBase，MMDB）系统是指将数据库的全部或大部分数据放在内存中的数据库系统，目的是有效利用内存的优势，提高数据库的性能。

内存数据库中的数据常驻内存，消除了磁盘数据库中巨大的输入／输出代价。同时，数据的存储和访问算法以内存访问特性为基础，实现处理器对数据的直接访问，在算法和代码效率上高于以磁盘输入／输出为基础的磁盘数据库。在内存数据库中，使用针对内存特性进行优化的存储结构、索引结构和操作算法进一步优化了内存数据库的性能。

内存数据库系统具有如下特征：① 高吞吐率和低访问延迟。内存数据库不需要磁盘数据库的缓冲区机制，数据能够被处理器直接访问。内存的高带宽和低访问延迟保证了内存数据库具有较高的事务吞吐率和较低的查询处理延迟，能够支持高实时响应的应用需求。② 并行处理能力。内存具有良好的并行数据访问能力和随机访问性能，因此内存数据库的查询处理技术具有并行性，并且可以充分利用随机访问能力提高查询的数据访问效率和 CPU 指令效率。③ 硬件相关性。内存数据库的性能受硬件特性的直接影响。硬件技术在多核及众核处理器、高性能存储和调整网络等方面的发展为内存数据库提供了高并行处理、高性能存储访问以及调整流通的硬件平台。

（4）数据仓库与联机分析处理技术。

数据仓库是为了构建新的分析处理环境而出现的一种数据存储和组织技术。是一个用以更好地支持企业（或组织）决策分析处理的、面向主题的、集成的、不可更新的、随时间不断变化的数据集合。数据仓库本质上和数据库一样，是长期储存在计算机内的、有组织、可共享的数据集合。

数据仓库和数据库主要的区别是数据仓库中的数据具有如下 4 个基本特征：

① 主题与面向主题。数据仓库中的数据是面向主题进行组织的。主题是一个抽象的概念，是在较高层次上将企业信息系统中的数据综合、归类并进行分析利用的抽象；在逻辑意义上，它对应企业中某一宏观分析领域所涉及的分析对象。面向主题的数据组织方式是根据分析要求将数据组织成一个完备的分析领域，即主题域。面向主题的数据组织可以独立于数据的处理逻辑，因而可以在这种数据环境上方便地开发新的分析型应用；同时，这种独立性也是建设企业全局数据库所要求的，所以面向主题不仅适用于分析型数据环境的数据组织方式，还适用于建设企业全局数据库的组织。

② 数据仓库是集成的。数据仓库的数据是从原有的分散的数据库数据中抽取来的。因此，数据在进入数据仓库之前必须要经过加工与集成、统一与综合。

③ 数据仓库是不可更新的。数据仓库主要供决策分析之用，所涉及的数据操作主要是数据查询，一般情况下并不进行修改操作，一旦数据存储到数据仓库中，数据就不可再更新了。

④ 数据仓库是随时间变化的。数据仓库中的数据不可更新是指数据仓库的用户进行分析处理时不进行数据更新操作，但并不是说在数据仓库的整个生存周期中数据集合是不变的。数据仓库的数据是随时间变化不断变化的，这一特征表现在以下三个方面：第一，数据仓库随时间变化不断增加新的数据内容；第二，数据仓库随时间变化不断删去旧的数据内容；第三，数据仓库中包含大量的综合数据，这些综合数据中很多与时间有关，如数据按照某一时间段进行综合，或隔一定的时间片进行采样等，这些数据就会随着时间的变化不断地进行重新综合。

联机分析处理（On-Line Analytical Processing，OLAP）是以海量数据为基础的复杂分析技术。联机分析处理支持各级管理决策人员从不同的角度，快速灵活地对数据仓库中的数据进行复杂查询和多维分析处理，辅助各级领导进行正确决策，提高企业的竞争力。

常用的联机分析处理多维分析操作有切片（slice）、切块（dice）、旋转（pivot）、向上综合（roll-up）、向下钻取（drill-down）等。通过这些操作，使用户能从多角度和多侧面观察数据、剖析数据，从而深入地了解包含在数据中的信息与内涵。

（5）大数据时代的新型数据仓库。

随着物联网技术在油田企业中的普及，感知技术及自动控制技术在油田勘探开发过程中广泛应用，收集和产生了大量数据，促使油田勘探开发进入大数据时代。大数据是指无法在可容忍的时间内用现有 IT 技术和软硬件工具对其进行感知、获取、管理、处理和服务的数据集合。在大数据时代，数据量急剧增长、数据类型复杂多样、决策分析复杂多变，海量数据及复杂应用需求与系统的数据处理能力之间产生了一个鸿沟：一边是至少 PB 级的数据量，另一边是面向传统数据分析能力设计的数据仓库和各种商务智能工具。如果这些系统或工具发展缓慢，这个鸿沟将会随着数据量的持续爆炸式增长而逐步拉大。

为了应对大数据时代的系统在数据量、数据类型、决策分析复杂度和底层硬件环境等方面的变化，以较低的成本高效地支持大数据分析，新型的数据仓库解决方案（大数据分析平台）应运而生。这个方案（平台）需具备如表 2.3 所示的几个重要特性。

表 2.3　大数据分析平台需具备的特性

特性	简要说明
高度可扩展	横向大规模可扩展，大规模并行处理
高性能	快速响应复杂查询与分析
高度容错性	查询失败时，只需要做部分工作
支持异构环境	对硬件平台一致性要求不高，适应能力强
较低的分析延迟	业务需求变化时，能快速反应
易用且开放接口	既能方便查询，又能处理复杂分析
较低成本	较高的性价比
向下兼容性	支持传统的商务智能工具

满足上述特性的数据仓库解决方案可以有多种形式，其基本思想都是将传统的结构化数据处理和新型的大数据处理集成到一个统一的异构平台中，实现数据的高效共享。其中，每一种方案都有其针对性，具有各自的优缺点。

随着信息化与工业化的不断融合，基于数据进行分析与决策具有广阔的前景和巨大价值。但是，数据的海量异构、形式复杂、高速增长、价值密度低等问题阻碍了数据价值的创造。为此，面向应用的数据管理新技术越来越引起人们的重视，特别是在油田勘探开发工程中，开发新的油田数据管理技术与方法已成为油田研究与决策系统建设的重要任务。

2.4　油田大数据应用工程与科学

在数字化油田建设过程中，数据的地位不断提升，数据已经从一般意义上的"资料"转变为"资产"或"资源"，数据已开始悄悄地演化成为一种产业，从而成为一种财富。尤其是大数据概念提出以来，数据更是上升为"战略资源"，这时的数据，完全从被动索取、需求和寻找，变为数据驱动。数据已成为一种企业与产业行为，甚至高度的商业化。

2.4.1 油气勘探大数据应用

油气勘探数据关系着油气资源的开发与管理效益，而油田企业花费极大的人力、物力开展勘探业务，获取的最原始与最重要的就是资料中的数据，主要包括地震勘探数据、非地震勘探数据、钻井勘探数据、录井数据、测井数据、地层测试与试油数据和分析化验数据等。

油气勘探大数据的应用是指利用地质调查技术、井筒技术以及实验室分析与模拟技术等技术手段，对获得的勘探大数据和其解释成果进行综合研究，其最终目标是对勘探对象与勘探目标进行系统化和定量化的综合评价，直接为勘探部署决策服务。勘探大数据应用主要包括如下内容：

（1）岩心数据的应用。

油气勘探过程中，必须选择适量的井，按地质设计的地层层位尝试开展钻探工作，向井内下入取心工具，钻取出岩石样品，应用地质学相关知识和测试手段获取岩心数据。岩心（图 2.4）数据是地下油气藏储层和含矿特征最直观、最实际的反映。

图 2.4　岩心照片

通过对岩心的观察、分析和研究，可以获取更为丰富的油藏数据，主要包括：① 地层的时代、岩性和沉积特征；② 储层的物理、化学性质和含油、气、水状况；③ 生油层特征和生油指标；④ 地下构造情况（如断层、节理、倾角等）；⑤ 各种测井方法定性与定量解释的基础数据；⑥ 开采过程中油、气、水运动和分布状况，以及地层结构的变化。

此外，岩心还可供油气田开展各种提高采收率的方法和增产、增注措施的室内实验分析使用，获取的岩心特性参数数据是估算石油储量、编制合理开发

方案、制订综合治理措施必不可少的基础数据。

（2）分析化验数据应用。

分析化验是对岩石以及油、气、水等样品进行实验分析与鉴定，为勘探开发的方案设计提供基础数据和理论依据。油田分析化验是油田公司一项经常性工作，涉及油水分析化验、天然气分析化验和岩矿分析化验等 17 类业务，在实际工作中，会形成 6500 多项反映油田分析化验方面的数据。

以地层水全分析为例，地层水全分析数据是确定原始地层水电阻率最直接的方法。由于压裂试油过程中，地层初期测试产出的液体，大多为压裂液等外部侵入水和地层水的混合体，为求得准确的地层水矿化度，通常选用产水量较大、水型组分相对稳定、Cl⁻ 含量较高，且总矿化度与地层深度有较好正相关的地层水资料与数据。

一般需要采用多口产水井水样全分析数据，由图版查得各离子（非 NaCl 成分）的转换系数，求得等效地层水矿化度，然后根据采水样的深度求取地层温度下的地层水电阻率，求得该区地层水电阻率。根据水样分析确定的地层水电阻率，与孔隙度等参数一起代入阿尔奇公式（Archie's formulas），就可以计算出含水饱和度。

阿尔奇公式是地层电阻率因素 F、孔隙度 ϕ、含水饱和度 S 和地层电阻率 R 之间的经验关系式，是利用测井资料定量计算含油饱和度的基础数学模型。同时，储层饱和度测井解释模型也可采用阿尔奇公式。

（3）测井数据的应用。

测井数据主要用于划分单井地质剖面、单井解释（包括划分储层岩性、物性、含油性、产能评价等）、油井技术状况评价（井身、固井质量、射孔质量、酸化压裂效果、套管损伤等）以及多井解释与油气藏研究等方面。

2.4.2　油气地质大数据应用

油气地质研究是指利用各种技术，对获得的数据进行综合研究的过程，其最终目标是对勘探对象与勘探目标进行系统化、定量化的综合评价，从而直接为勘探开发部署提供决策依据。

传统的油气地质研究是一种地质科技活动，很少从数据研究的角度出发来研究地质问题。在数字油田建设中，人们才将数据作为研究对象，完成对地质的定量研究；也只有拥有了油田数据，才能支持油气地质的数字化（定量化）研究。

一般地，通过油田数据开展地质研究的模式是：获取数据，对数据进行必要的关联整理，建立专业软件需要的数据模型，实现数据的融合，然后将关系整理与融合的数据导入专业软件中，制作专业地质图件。通常，油气地质大数据应用的基本流程如图 2.5 所示。

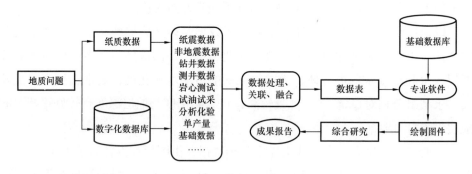

图 2.5　油气地质大数据应用的基本流程

在油气地质研究中，需要的数据主要包括如下内容：（1）油田概况——油田区块范围、地理位置、油藏类型、生产开发层系；（2）地质储量——原油储量、剩余储量、可采储量、储量质量、油藏采收率；（3）勘探开发现状——开发方式、开采期次、注水方式、剩余油分布；（4）目前生产情况——生产井、注水井、日产量、单井递减规律；（5）沉积微相与砂体展布特征；（6）储层特征：孔隙度、渗透率、储层非均质性、敏感性分析、孔隙结构特征、渗流特征等；（7）产量递减规律——产量递减类型、递减速度、递减率；（8）含水上升规律——含水上升影响因素。

其中，数据量与数据的质量是保证油气藏地质研究顺利展开和实现目标的基本条件与前提。一般要求做到如下几点：（1）所获得的数据在测试中精度要高，这样的数据相对来说质量有保证；（2）数据量要大，数据种类要齐全；（3）数据保存要规范，最好是原始数据；（4）数据模型与专业数据处理工具要匹配。

油气地质大数据应用的主要业务是应用油田大数据对油气藏的地质问题进行系统研究。一般具有如下几个步骤：（1）对地质问题认识、理解与研究；（2）进行数据收集，获取更多的前人研究资料和数据；（3）对获取的数据进行整理、分析、计算等；（4）建立数据模型；（5）将数据模型数据导入专业软件中作图；（6）综合研究，形成研究报告。

　　油气地质研究数据应用的最重要业务之一，就是数据融合与成图。绘制地质图件，也叫油气藏数据可视化，是地质研究人员的主要任务，也是研究人员具备的一个基本功。通常，需要专业性较强的地质研究人员才能胜任这些复杂的工作。其实，作图的过程就是一个研究的过程，在作图中将地质学家脑中的地下地质构造与砂体表现出来，也就是说地质学家大脑中的地下砂体与构造，以及油、气、水关系是什么样，都在地质学家的大脑中储存，如果要将这些大脑中认识的地下体表征出来，只有通过数据分析，才能较好地完成图件的制作。

　　作为一般的地质研究课题，需要完成的地质图件都比较多。SY/T 5579.1—2008《油藏描述方法 第 1 部分：总则》中列举了区域构造位置图、油藏构造图、油层综合柱状图、地层对比图、储层等厚图、沉积相综合柱状图、沉积相剖面对比图、储层成岩作用描述图件、有效孔隙度等值线图等。这些图件是一个地质研究最基本的图件，都是油田数据融合的结果与成果。

2.4.3　油气开发大数据应用

　　油气开发是指对已探明的油气田实施产能建设和油气生产的经济活动。油气开发需要做非常多的计算与模拟，是对各种地质、勘探与生产数据的应用，同时，在开发过程中也会产生大量的数据。

　　油气开发数据，主要来源于对油气藏的监测。油气的监测是油气藏开发中的一项重要基础工作，它贯穿于油气藏开发的始终。不仅是利用各种仪器，采用不同测试手段和测量方法，获取开采过程中的动态和静态数据，而且还需要监督所获取数据的齐全、准确和质量可靠。油气开发数据不仅数量庞大，而且数据类型和数据来源各不相同，具有多样性，通常按照静态数据和动态数据划分。

　　（1）油气开发静态数据。

　　油气开发的静态数据是指无须实时更新的开发数据，这类数据不随时间变化而发生改变。油气开发静态数据一般包括钻井数据、地面工程数据和油藏地质数据等。其数据来源比较广，包括自油气田勘探以来的各个方面的数据，有地球物理勘探、钻探、测井、录井和分析化验等各类数据。同时，数据大都来自源头采集，具有各自的标准与格式。

　　（2）油气开发动态数据。

　　油气开发的动态数据是指随时间改变而不断变化的开发数据，该类数据依据某种顺序组成一系列被观测值，并且按照固定时间进行间隔采样。这些数据是油气田开发评价的根本，它记录了油田各个阶段的开发状态。根据存储方式和处理方式的不同，可以将油气开发动态数据分为流数据和时间序列数据两种。

时间序列数据是基于传统数据库的方式进行存储的数据，流数据是基于内存的处理方式。数据库中存储的生产动态数据、井下作业数据都是时间序列数据。流数据是指在油气田生产管理过程中，很多需要进行实时采集、实时传输、实时分析，以及实时发布的生产数据。该类数据的特点是瞬间产生大量数据，由于数据量过大只能存储在内存中，如地震数据和测井数据等。

根据数据管理方式的不同，又可以将油气开发数据划分为结构化数据和非结构化数据。结构化数据，也就是传统的行数据，由数据库对其进行存储，该类数据大多用二维表结构来实现逻辑的表达。因此存在于油气田开发数据库里的数据都属于该类。而不易用数据库二维逻辑表来存储的数据即为非结构化数据，包括示功图、测井曲线图、地质研究图件等，是图片格式的数据，也包括地震剖面图数据等。

油气开发大数据应用是油气开发业务过程的基本工作，从油气开发方案编制、油气开发动态分析到油气开发数据建模等应用，数据都起到关键支持作用。

2.4.3.1 油气开发方案编制

油气开发过程是按照一定的程序进行的，其中编制开发方案是最重要的基础工作，也是油田数据综合研究的重要环节。油气开发方案是一定开发阶段和技术发展水平的产物。面对不同地质条件和各种类型的油气藏，科学技术的进步使得人们主观因素对油气藏开采的作用程度逐渐增加，向地层注入工作剂从人工注水、注气发展到注入热流体和化学流体，开发方式由一次采油和二次采油发展到各种提高原油采收率的三次采油技术，这些新技术已成为改善油田开发效果和保持原油产量稳定增长的重要因素，这些都是在对油田数据研究基础上实施的。

油气开发方案的编制需要综合考虑很多因素，包括：储量水平、圈闭情况、产能建设规划、地面工程建设能力等。通常情况下，开发方案的编制周期较长，其科学性与合理性难以准确评价。丰富的地质历史数据和经营管理数据可以辅助业务人员更好地完成开发方案的编制。在油田企业数据库里存在着相关的基础数据，包括：（1）区域综合地质数据；（2）单井地质数据；（3）地面工程数据；（4）产能建设数据；（5）规划计划数据；（6）地面地理信息数据（水文、建筑、管线、设施设备等）。这些基础数据为油气开发方案的编制提供了全方位的支撑，在网络化的审核、审批软件支撑下，方案的编写、审核与审批可以通过固定的业务流程实现，极大地提高了业务效率。

在编制油气开发方案中需要大量的静态与动态数据，对开发区域掌握的情况越多，编制的开发方案越符合该区域的实际状况。在编制一个区域的油气开发方案时的数据应用，主要包括如下内容：（1）地质特征数据分析的应用。通过地震数据分析，用钻井、取心、地球物理测井及试油等手段，需要掌握开发区域地层、构造、油层、储层、隔层与夹层、油气藏类型、地质储量等静态特征数据，从而应用这些数据完成地质研究。（2）室内物理模拟实验数据分析的应用。通过室内物理模拟研究，需要掌握岩石润湿性，油、水相对渗透率，储层敏感性，水驱油微观特征，常温、常压及高温、高压下流体的物性参数等方面的数据，从而对各种物性、岩石性质进行研究。（3）压力与温度系统及初始油气分布数据分析的应用。用测试数据回归可以得出不同油气藏、不同区块或不同砂岩组的压力和深度、温度和深度关系曲线，从而判断油气藏的压力系统和温度系统，并由油层中部深度求得原始地层压力及原始油气藏温度的数值。利用相对渗透率曲线及测井曲线解释资料，分析开发区域的初始油饱和度及其变化规律。（4）动态数据分析研究。利用试油试采井，取得单井日产油量的数值，并掌握其产油量、压力、含水随时间的变化规律，分析采出（油、液）指数与生产压差随含水的变化和产出油的含硫、含蜡、密度及凝固点。而对于要进行注水开发的油气藏通过试注掌握注入量随注入压力变化规律及分层吸水量方面的数据。获得探井生产情况与成果。（5）特殊数据分析研究。进行油气开发方案设计时，某些特殊油气藏需要掌握：① 夹层分布对开发动态的影响；② 底水油气藏射开程度对生产的影响；③ 油层厚度和渗透率比值对底水油气藏开发效果及采收率影响的各因素等方面的资料。

此外，石灰岩和碳酸盐岩油气藏，需要掌握油气藏裂缝特征方面的数据，还有低渗透油气藏，需要掌握低渗透油气藏驱替特征方面的数据。

总之，在开发方案设计之前，对油气藏各方面的数据掌握得越全面、越细致，做出的开发方案就会越符合实际。对某些一时不清楚但开发方案设计时又必需的数据，则需要开展室内研究和开辟生产试验区进行测试并获取数据。

2.4.3.2　油气开发动态分析应用

油气开发动态分析是从点到线、从线到面的分析方法，包括单井分析、井组分析、区块分析及全油田分析。不同类别的分析，其目的、要求及所需数据是不尽相同的。总体而言，油气开发动态分析所需的数据主要包括如下类别。

（1）基础井史数据：① 井号（类型）；② 开采层位及投产日期（曾经动用及目前动用）；③ 开采层位深度及海拔；④ 完井方法记录，包括油套管规格、下入深度、射孔规格、曾射后封、卡层情况；⑤ 必要的图幅，包括井位图、构造图、剖面图、连通图、井身结构图、单井开采曲线图。

（2）开采层的性质及参数：① 开采层油层厚度（砂层厚度、有效厚度）；② 油层有效孔隙度；③ 油层有效渗透率；④ 油层原始油、水饱和度。

（3）试油及原始压力数据：① 开采层、油层原始压力；② 投产初期地层压力；③初期试油成果，包括试油时间、方法、工作制度、参数产量、静压、气油比（GOR）、原油性质、含砂量等；④ 压力恢复曲线及解释资料；⑤ 投产后增产措施资料，包括压裂强度、压裂参数、压裂规模等，酸化液性质、配方、规模等。

（4）油（气）水物理性质：① 产油层的原始压力（油田在开发之前，整个油田处于平衡状态，这时油层中流体所承受的压力叫原始油层压力）；② 原始油气比；③ 地层原油黏度；④ 原始地层原油体积系数（单位体积地面脱气油与地下所具有的体积之比）；⑤ 原始地层原油弹性系数；⑥ 地面原油性质，包括密度、黏度、含蜡量、凝固点等；⑦ 天然气性质；⑧ 地层水性质，包括水的化学组分、水型、含盐量、矿化度。

（5）生产记录数据：① 每月统计一次井日产液、日产油、日产水，区块日产液、日产油、日产水，月产液、月产油、月产水、综合含水、油压、套压、流压、静压、油气分析等；抽油井还有工作制度、液面、功图；② 测压数据；③ 井下作业记录；④ 系统试井数据；⑤ 分层测试数据；⑥ 生产测井数据。

2.4.3.3　油气开发数据建模

针对复杂油气藏井组的地下结构，需要在大量数据的支持下，才能建立起二维、三维地下油气藏动态与静态模型，从而反映地下油气层的渗流规律。在对井组进行二维、三维渗流规律进行建模的过程包括：

（1）数据输入。数据输入包括油气藏描述、生产井和注水井的数据。油气藏描述数据包括地质静态描述数据（油藏构造、油层厚度、孔隙度、原始地层压力），流体性质数据（压力与流体黏度、体积系数、压缩系数之间的关系）和特殊岩心分析数据（饱和度与相对渗透率、毛细管压力之间的关系）。

（2）数据操作。通过数据选择将地质静态数据、流体性质数据和特殊岩心分析数据中主要影响油气田开发指标产量、压力、含水、气油比（GOR）等性质的参数选择出来，并经由数据补齐与过滤功能获得规范的数据集。

（3）构建模型。根据地质静态和开发动态的实际情况和所研究的问题，利用输入输出信息调整模型参数。

（4）动态建模。在静态模型建立的基础上，实现油气藏不完整信息预测各指标变化规律的建模。一般包括油层压力、含油含水饱和度等。

某油藏数据的三维可视化效果如图 2.6 所示。

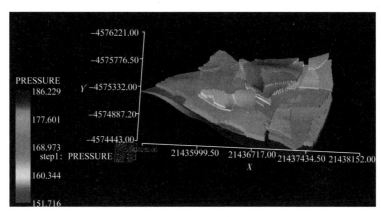

图 2.6　某油藏数据的三维可视化效果示例

2.4.4　油气生产大数据应用

油气生产是指将油气从油气藏提取到地表以及在矿区内收集、拉运、处理、现场储存和矿区管理等活动。油气生产是继油气勘探投入开发后的一个重要步骤，其核心业务是将开发方案中的各项指标落实到生产环节中，获得较高的单井产量，赢得较高的企业效益。

油气生产是一个复杂的过程，包括采油、采气、注水及油气集输等诸多环节。油气生产中积累的数据具有如下特点：（1）数据量巨大、高维且有较强的耦合性。油气生产中的数据采集频繁、采集密度大，且存在重复冗余数据，系统众多参数间相互影响，共同作用其行为状态。（2）油气生产系统具有不稳定性，且采集数据因工业噪声易污染。（3）动态性与数据类型的多样性。油气生产中油气井产量、注水量、油压、温度、设备状态等参数都随时间不断变化，并包括逻辑型、数值型等多类型数据。（4）多时标性与不完整性。不同参数采集频率不同，数据粒度不同，且数据记录的不同步可能出现数据丢失。（5）多模态性。油气生产系统中存在正常工作状态，也存在故障的工况。

油气生产大数据的作用主要体现在两个方面：一是从已知结果向过去看，寻找规律与原因；二是从过去的判断预测未来，给出某一有效结论。所以，通过大数据分析可以发现并解决许多油气生产上的深层次问题，主要有：

（1）提高老油气田采收率。

我国油田多采用注水开发，目前绝大部分已进入高含水开发阶段。这个阶段的突出问题是油藏水淹状况、剩余油分布情况、井筒性能变化等，不但差异大，而且十分复杂，技术人员认识油气藏、制订挖潜措施方案的难度越来越大。基于前人的研究成果，开展油井、气井、水井产况大数据分析，能够从以往的增产措施类型、规模及其效果中得出新认识，进一步优化挖潜方案，提高油气田的油气采收率。

（2）避免生产事故发生。

通过对油气生产参数、状态的实时跟踪分析，可提前发现问题苗头，预判问题类型、原因、发生时间与地点，超前对生产进行干预，杜绝事故发生。

（3）挖掘生产潜在效益。

产量、成本和效益是油气田生产过程中最令人关注的重要指标。但是，这些指标的影响因素很多、内在关系错综复杂，通过大数据分析可以挖掘各种影响因素之间的内在规律，并以某种直观的方式展示出来，为优化措施方案提供依据，实现降本增效的目的。

（4）提高工程设计水平。

基于对生产数据的深入分析，可对原来的工程方案（设计）进行后评价，从中发现原方案（设计）指标与实际情况的差异，以及设计方法中存在的缺陷，从而对工程设计方法、标准、规范加以修正，提高工程设计符合率。也就是说，不仅可以从油气生产大数据中发现新规律、新规则、新认识，而且可以用大数据反复验证过去通过假设推测建立的经验公式，并对其加以修订，不断提高工程设计水平。

（5）实施设备全生命周期管理。

通过设备（仪表）振动、温度、压力、流量、电流和电压等信号提取设备运行状态信息，对设备运行状态和工况进行监测、预测和故障诊断，做出维修决策，提出优化操作、改进机器设计、选择厂商等方面的建议，对设备的整个生命周期实施全过程管理。

（6）实现从数据采集到应用的闭环操控。

根据物联网采集设备及其所在生产系统的运行参数，以产量、能耗和效率等为目标，实时分析，优化调整，对设备运行参数进行柔性控制，实现数据采集—分析—控制一体化的闭环操作，达到设备与所在生产系统的最佳匹配，使设备（或系统）时刻处于最佳运行状态。

关于油气生产大数据的应用有很多方面，包括：采油（气）系统大数据应用、注水系统大数据应用、集输系统大数据应用以及油气生产管理大数据应用等。例如，在油气藏地质研究中，依据油井的产量数据曲线，利用油井生产数据进行趋势分析。通过这种趋势分析，可以了解单井在注水过程中的受益情况。再比如，基于抽油机井生产大数据，以抽油机井举升系统效率、井下泵效、吨液举升百米耗电、工况诊断等作为分析目标，运用统计回归、灰色关联、决策树、模式识别等挖掘方法，可以实施一系列的大数据分析研究。通过大数据分析，可找出影响要素，明确挖潜方向并抽出改进策略，在实际应用中可实现增产、提效、降本的目的，为进一步深入开展油气生产大数据分析奠定基础。某油田抽油机井系统效率与吨液举升百米耗电大数据关系曲线如图 2.7 所示。

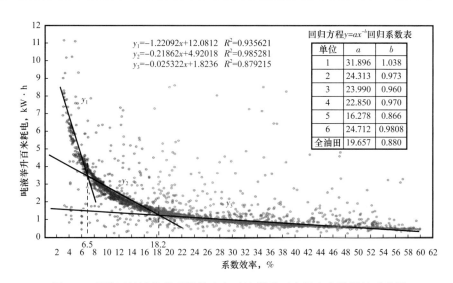

图 2.7　某油田抽油机井系统效率与吨液举升百米耗电大数据关系曲线

2.4.5　油气储运大数据应用

油气储运，主要包括油气的储存与运输，其主要任务是采用先进的工艺技术，将油气井产物收集起来，经初加工的处理工艺，生产出尽可能多的合格原油和天然气，并按要求安全、经济地输送到指定地点进行储存或利用。

油气储运正在快速发展，大数据储运技术正在兴起。油气储运大数据应用主要体现在如下几个方面：

（1）大数据精准分析。

大数据对储运设备的精准分析能够做到精确设计、精准预警，这在现代管输中非常需要，而且大数据的应用完全可以做到。

大数据在储运中的应用，主要在于对储运数据的综合应用与分析。储运大数据不在于数据量的多少，而在于对数据的认识和理解，对专业技术与工艺的深度把握，然后能将二者做到很好地融合。储运大数据主要以解决实际问题为目标，针对一些长期解决不了和不好解决的问题，如预警分析、及时告警、精准维护等。

（2）区块链技术的应用。

区块链就是一个去中心化的数据库。区块链是让数据真正"放心"流动起来，让数据开放共享，让数据不可篡改的、全历史的数据库存储技术，是储运数据分析的数据安全性的保障，是数据流通中保障数据相关权益的机制建设等。

区块链数据思想与方法，特别适合长输管线的数据应用。因为，长输管线往往要跨越几个省份甚至跨境，这时候的数据共享显得尤为重要。所以，区块链数据方法与技术，要在储运中大量提倡、推进和应用。

（3）小型化，精准智能。

传统管网数字化，希望建设大平台、大系统，这样的好处是面面俱到，包含的内容多，业务面广。但由于数据不是很好用，业务体制之间的协同关系复杂，大平台很难做到智能化和精准预警。未来的发展还是需要做好小型化、精准智能。这是解决现场中某一类或某一个小环节智能化最好的办法。

下面以管道系统大数据应用为例，说明储运大数据的应用特征。

数字管道建设，在管道勘察阶段就采用一些高新技术，使线路走向合理、施工可行、距离优化，而且在预研和初步设计初期为管道工艺设计提供了可靠、详细的地形数据，管道工艺设计人员应在设计阶段更好地利用这些数据。在油气管道设计中，勘察的一项重要工作是如何优化线路使距离短、节省投资，而对工艺和运行考虑得较少。由于能够快速地进行地形绘制，工艺设计人员在管道压力等级确定的基础上，进行一些工艺系统分析，从工艺上说明所选的线路是否合理。特别是在山区建设管道，除了要考虑管道的长度外，还应考虑管道的运行维护是否方便、可行；对于液体管道，还要考虑地形起伏对管道泵站、减压站、阀室设置的影响，使管道在线路选择阶段就能够考虑管道的工艺过程，使管道的设计更加合理，运行管理更安全、经济、方便。

管道系统在设计、施工、运行过程中产生的大量数据，是管道运行分析、评价与管理的基础，运用大数据分析与管理模式，同时结合管道企业的实际需求，管道内检测、外检测、信息系统等手段获取的数据以及运行管理多年积累的经验，建立大数据分析模型和信息化管理手段，对管道系统进行全面分析与管理具有重要意义。

第3章　油田大数据"采存管"

油田数据遵循"采集、存储、管理、应用"这一基本过程，由此形成了油田大数据系统建设的主要任务。油田数据采集是数字油田及智能油田建设的基础，数据存储是数据采集后的需要，也是开展数据管理及应用的前提；数据管理是利用计算机硬件和软件技术对数据进行有效的收集、存储、处理和应用的过程，其目的在于充分有效地发挥数据的作用，而分析和应用大量的油田数据则是让油田数据产生价值、发挥作用的重要环节。

3.1　油田大数据采集

大数据采集是指从传感器和智能设备、企业在线系统、企业离线系统、社交网络和互联网平台等获取数据的过程。现有的大数据采集技术与手段发展非常迅速，如比较直观的摄像头、麦克风以及油气勘探开发过程中的各类传感器等广泛应用在各个工程领域。适应不同工程环境、满足各种油气开发流程的数据采集方式，其便捷性、可靠性成为油田数据采集中最关心的问题。

3.1.1　油田数据采集的概念

在油田企业，传统的数据采集几乎都是通过一线工人利用比较机械的仪器仪表进行人工读数来获取。在信息化油田中，油田数据采集基本上都是在各种工艺流程、各种工况下应用大量的传感器或其他技术方法在源头上对被测对象实施原始数据的获取。采集，是电子信息技术的一个名词。而在软件系统开发和数据库应用中，当一个数据管理系统需要某种类别的数据时，在提取相应的数据库的过程与方法称为信息数据的采集。

通常，数据包括RFID数据、传感器数据、用户行为数据及移动互联网数据等各种类型的结构化、半结构化及非结构化的海量数据。当被采集数据被转换为电讯号的各种物理量，如温度、水位、压力等，可以是模拟量，也可以是数字量。采集一般是采样的方式，即隔一定时间（称采样周期）对同一点数据重复采集。采集的数据大多是瞬时值，也可是某段时间内的一个特征值。准确的数据测量是数据采集的基础。数据量测方法有接触式和非接触式，检测元件多种多样。不论是哪种方法和元件，均以不影响被测对象状态和测量环境为前提，以保证数据的正确性为基本要求。

采集数据是油气田企业建设数字化油田中非常重要的一项基础性工作。大量部门和工作人员的基本工作就是采集数据，如勘探公司的核心工作就是获取地震勘探数据以及测井和录井等数据。而且，数据采集具有较强的专业性和高技术含量。数据采集后需要存储，在数字油田建设中，将数据数字化成为电子文档，按照要求进行归类及标准化，然后统一提交给数据中心或信息中心，放在数据库里，这就是数据存储。采集数据、存储数据、管理数据，都是为了数据的应用。

在油田数据研究中，油田所有的勘探专业技术与方法，都能构建成一类数据集。每一个数据都是经过特定的专项技术测试获得，并且都构成了科学研究的数据体。因此，所有的技术手段和方法，实质上都是为了实现数据采集的准确性、可靠性。如果没有采集到数据，不管用什么技术方法都无法了解和掌握油田的地质情况和生产情况。加强油气田企业的数据资产和资源管理，就要重视数据质量，想方设法去采集好数据，也就是为油气田企业增加数据财富，对油气田企业的生产、管理及未来发展的策略生成具有非常重要的支持作用。

3.1.2　油田大数据采集技术

物体感知技术是油田大数据采集的基础。利用物体感知技术，用于采集数据的物体标识、状态、场景、位置等油田数据。大量的油田数据通过物联网或互联网技术传送到数据采集管理系统平台。经过数据管理平台的大数据分析工具，可以对获取的数据进行智能分析，并将分析结果反馈到采集系统中，以期提高生产效率，同时也形成了新的数据。

油田企业数据源的种类多，数据的类型繁杂，数据量大，并且产生的速度快，传统的数据采集方法完全无法胜任。因此，大数据采集技术面临着许多技术挑战，一方面需要保证数据采集的可靠性和高效性，另一方面还要避免重复数据。近年来，随着物联网技术的研究与发展，在油田大数据采集技术上取得了长足的进步。使用物体感知技术对油田数据的采集分为 4 类，即物体的标识、状态、场景、位置。其相应的感知技术包括物体标识技术、状态获取技术、场景记录技术和位置定位技术。

3.1.2.1 物体标识技术

物体标识技术是指给每个物体给定一个固定的编号，并通过一种简单的方式可以识别出该编号。通过这个编号，可以跟踪其制造、销售和使用的全生命周期信息。常用的物体标识技术包含条形码、二维码、射频识别（RFID）技术等。在油田数据采集中主要采用 RFID 技术。

RFID 技术，是一种自动识别技术，通过无线射频方式进行非接触双向数据通信，利用无线射频方式对记录媒体（电子标签或射频卡）进行读写，从而达到识别目标和数据交换的目的。RFID 技术不需要人工干预，能够适应各种恶劣的环境。

射频识别系统由三个部分组成，分别是 RFID 标签、阅读器和数据管理系统。RFID 标签贴在需要辨别的物体上，阅读器发送一个无线信号，当标签收到信号后，对它自身的编号和其他信息做出反馈，阅读器接收到 RFID 传送回来的信息，并通过网络信号上传到数据管理系统中存储，从而完成对 RFID 标签的识别信息的采集、解码、识别和数据存储的过程，如图 3.1 所示。数据管理系统的作用在于存储数据和对标签数据的读写控制。

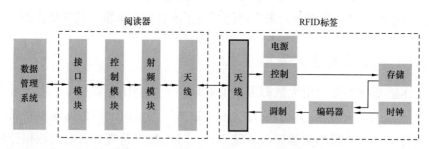

图 3.1　射频识别系统的工作流程图

RFID 标签是由天线和芯片构成，采用电子信息技术，把信息存储到一个固定的存储范围，标签里含有一个微型的无线电波接收器。阅读器发送被编码的无线信号访问 RFID 标签，标签接受指示后把自身的识别信息反馈回去。识别信息分为自身编码和产品的相关信息。

RFID 技术具有易操控、简单使用、成本低等特点，应用于自动控制的场景，如自动收费、车辆识别、门禁、物体跟踪等。它主要有以下优势：（1）读

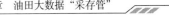

取方式简单、方便，使用快捷；（2）数据存储容量大；（3）使用寿命长，应用场景广泛；（4）可靠性高；（5）动态实时通信。

3.1.2.2 状态获取技术

状态获取技术，指通过对传感器的开发和运用，获取到物体物理状态的技术。物理数据在油田大数据里占据非常重要的角色。工程师可以通过对物理数据的分析了解到油田地质的状况，预测勘探过程中所需的问题。

传感器是一种检测装置，能感受到被测量的信息，并能将感受到的信息，按一定规律变换成为电信号或其他所需形式的信息输出，以满足信息的传输、处理、存储、显示、记录和控制等要求。传感器一般由敏感元件、转换元件、测量电路和电源四部分组成，如图 3.2 所示。

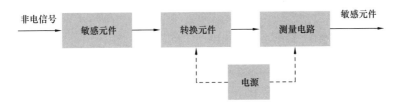

图 3.2 传感器系统组成

传感器的特点是微型化、数字化和智能化等。它是实现自动检测和自动控制的数据采集关键环节。传感器早已渗透到各领域，如工业生产、宇宙开发、海洋探测、环境保护、资源调查、油田勘探甚至文物保护等。简而言之，在每一个现代化工程项目中，都离不开各种各样的传感器。

3.1.2.3 场景记录技术

场景记录技术，指通过成像方法来记录场景的技术。图像是记录场景最佳的办法，远远比文字描述得更清楚。在油气藏勘探的条件下，需要结合地形地貌、高清影像数据论证井位部署的合理性，其核心在于对遥感影像、DEM 等各种地理信息进行有效的组织管理与发布。主要设备与技术包括：

（1）电荷耦合元件（CCD）。

CCD 是一种半导体器件，用电荷量表示信号的强弱情况，采用耦合方式传输采集到信号的探测元件。它具有自扫描、感受波谱范围宽、体积小、功耗小、寿命长、可靠性高等优势。

CCD 图像传感器将光学信号直接转换成电流信号，然后把电流信号经过放大和模数的转换，从而实现了图像的获取存储、传输、处理和复现的功能，如图 3.3 所示。CCD 传感器的好坏从像素数（CCD 上感光元件的数量）、CCD 尺寸、信噪比等指标进行评价。CCD 主要影响因素是像素数，当像素数少时，拍摄出来的画面的清晰度不高；相反，像素数越多，画面的清晰度越清晰，同时成本也会有所提高。

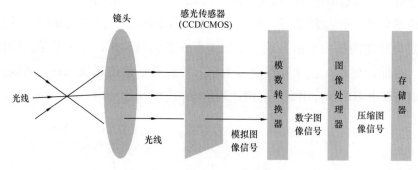

图 3.3　CCD 工作原理图

（2）CMOS 图像传感器。

CCD 图像传感器的价格较高，并且使用不方便。在此基础上改进、研发了一种互补金属氧化物场效管（CMOS）技术生成图像传感器。CMOS 图像传感器通常由像敏单元阵列、行驱动器、列驱动器、时序控制逻辑、AD 转换器、数据总线输出接口、控制接口等几部分组成，这几部分通常都被集成在同一块硅片上。其工作过程一般可分为复位、光电转换、积分和读出几部分。

CMOS 图像传感器基本工作原理：通过外界光照射像素阵列，发生光电效应，在像素单元内产生相应的电荷；然后，电荷量信号通过信号总线传输到的模拟信号处理单元以及 A/D 转换器，转换成数字图像信号输出，并且把数据存储到数据库里。

CMOS 图像传感器是一种多功能传感器，由于它兼具 CCD 图像传感器的性能，所以广泛运用于许多领域。

（3）数码照相机。

数码照相机是采用了光学、机械和电子技术，通过传感器把光信号转换成电信号的电子设备。它具有实时性处理、数据化存取、影响信息的转换和存储等优势。

数码照相机的工作原理：光线通过镜头（镜头组）进入照相机，通过数码照相机成像元件转化为数字信号，数字信号通过影像运算芯片储存在存储设备中。数码照相机的成像元件主要采用 CCD 图像传感器或 CMOS 传感器。

随着数码照相机的规模普及，特别是智能手机结合了数码相机技术，照片和视频场景成像效果大大提升。多途径能采集到大量的图片和视频，对于油田大数据提供丰富的数据资源。

（4）网络摄像机。

网络摄像机的构成为网络编码和光学成像两模块。通过光学成像模块把光学图像信号转变为电信号，实现数据的快速存储或传输。

网络摄像机的工作原理：摄像机镜头手机采集被拍摄物体的反射光，聚焦在摄像机的受光面，通过光学传感器把光信号转换成电信号，被称为"视频信号"。当采集到光电信号比较微弱，需要采用放大电路将其增强，再通过其他电路进行调整及校正，最终得到标准的信号。标准信号通过网络编码模块，把视频信号编码压缩成数字信号，信号数据可以直接接入网络交换及路由设备。

以长庆油田 RDMS 系统应用为例，在油气藏勘探中，根据四叉树算法探讨以三维地理信息系统（3D GIS）为平台的数字油田建设过程中的海量遥感影像数据的 LOD 组织过程，研究了依据四叉树算法的全球大区数据至油田小区块数据的投影、编码及动态多分辨率影像浏览等主要问题，海量影像数据处理及传输流程。

如图 3.4 所示，分为服务端处理和客户端浏览两大部分。服务端包括数据预处理、投影变换、重采样生成较低分辨率的影像和四叉树编码、影像切割、按编码保存切片文件等。其中数据预处理包括清除条纹和噪声影像、波段配准、几何校正、辐射校正、假彩色合成。客户端包括确定视点位置、生成地表影像等操作。

3.1.2.4　位置定位技术

位置定位技术指获取和记载物体位置的技术。位置包含了与物体有关的坐标，而坐标可以是二维或三维的，通常包含了物体所在位置的经度和纬度的有关信息。

（1）获取物体位置技术。

目前广泛应用的物体位置技术及方法有：

① GPS 导航系统。

全球定位系统（GPS）是由美国国防部研制和维护的中距离圆形轨道卫星导航系统。它可以为地球表面绝大部分（98%）地区提供准确的定位、测速和高精

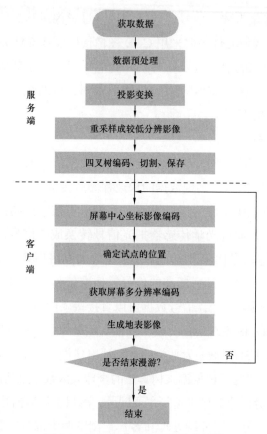

图 3.4　影像数据高效组织技术思路

度的标准时间，可满足位于全球地面任何一处或近地空间的军事用户连续且精确地确定三维位置、三维运动和时间的需求，民用 GPS 也可以达到 10m 左右的定位精度。

　　GPS 导航系统的基本原理：测量出已知位置的 T 卫星到用户接收机之间的距离，然后综合多颗卫星的数据就可知道接收机的具体位置。要达到这一目的，卫星的位置可以根据星载时钟所记录的时间在卫星星历中查出。

　　GPS 系统提供的定位精度优于 10m。如需要得到更高的定位精度，可以采用差分 GPS 技术接收机安置在基准站上进行观测。差分 GPS 分为两大类：伪距差分和载波相位差分。根据基准站已知精密坐标，计算出基准站到卫星的距离改正数，并由基准站实时将这一数据发送出去。用户接收机在进行 GPS 观测的同时，也接收到基准站发出的改正数，并对其定位结果进行改正，从而提高定位精度。

② 北斗卫星导航系统。

北斗卫星导航系统（BDS）是中国自行研制的全球卫星导航系统，是继 GPS 和 GLONASS 之后第三个成熟的卫星导航系统。北斗卫星导航系统由空间段、地面段和用户段三部分组成，可在全球范围内全天为各类用户提供高精度定位、导航、授时服务，定位精度 10m，测速精度 0.2m/s，授时精度 10ns，并具备短报文通信能力。

北斗卫星导航系统的工作原理：卫星在空中连续发送带有时间和位置信息的无线电信号，供接收机接收。由于传输的距离因素，接收机接收到信号的时刻要比卫星发送信号的时刻延迟，被称为时延。因此，通过时延来确定具体距离。卫星和接收机同时产生同样的伪随机码，一旦两个码实现时间同步，接收机便能测定时延；将时延乘上光速，便能得到距离。每颗卫星上的计算机和导航信息发生器非常精确地了解其轨道位置和系统时间，而全球监测站网保持连续跟踪。

③ 其他定位技术。

卫星定位技术有效解决了物体在室外空旷环境下的位置获取问题。但是，在隧道、地下停车场、室内等场景下，接收到的卫星信号比较弱，无法满足定位精度的要求。因此，需要采用辅助定位技术，如 WiFi 定位、蓝牙定位、超宽带定位、红外线定位、超声波定位、基站定位和 ZigBee 定位等，解决卫星信号到达地面时较弱、不能穿透建筑物和卫星定位精度比较差的问题。各种定位技术应用场景见表 3.1。

表 3.1　定位技术的应用场景

定位技术	范围
WiFi 定位	WiFi 定位应用于复杂的大范围定位、监测和追踪任务，总精度比较高；WiFi 定位使用于对移动设备的定位导航
蓝牙定位	蓝牙定位主要应用于对人的小范围定位
超宽带定位	超宽带定位应用到各领域的室内精确定位和导航
红外线定位	红外定位技术适用于实验室对简单物体的轨道精确定位记录以及室内自动走机器人的定位
超声波定位	超声波适用于特定环境下的高精度定位应用
基站定位	基站定位在室内、室外广域环境下都能定位，能作为普通的定位方案，但是定位精度与基站密度密切相关
ZigBee 定位	ZigBee 室内定位已经被很多大型工程和车间作为人员在岗管理系统所采用

在油田大数据采集中，每个物体都会通过 RFID 电子标签标识，其位置信息会通过位置定位技术而确定，其场景信息会被网络摄像机所记录，其状态信息会被传感器所获取。通过这些感知技术所获得的物体数据会被传送到系统管理平台，为智能分析提供依据。在整个油田大数据中，物体感知技术承担着获取油田勘探数据的重任，而且数据采集的能力和质量是整个油田数据管理平台中极为重要的因素，如何选择高质量的数据采集设备就显得至关重要。

（2）记载物体位置技术。

我国各种大、中比例尺地形图采用了不同的高斯－克吕格投影带。其中大于 1∶1 万的地形图采用 3 度带；1∶2.5 万至 1∶50 万的地形图采用 6 度带。长庆油田所在的鄂尔多斯盆地在高斯投影 6 度带中，位于 18 度带和 19 度带，而在 3 度带中则位于 36 度带与 37 度带，如图 3.5 所示。

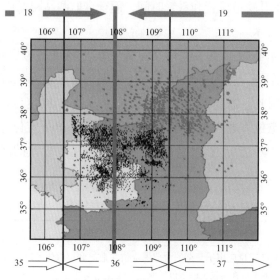

图 3.5　鄂尔多斯盆地高斯－克吕格投影分带

为了统一管理，在数据库建设过程中，常用不区别坐标带存储数据。如在井基本信息表中，将不同投影的井位信息存储在同一张数据表中。一般而言，空间分析是基于同一坐标系统的，因此在空间分析之前，对空间数据进行了统一的处理，将单井、地震测线和油藏剖面等的空间坐标转换同一坐标系中，实现了地质图件应用的标准化。

在记载物体位置技术可以通过点、线、面等地质图元导航快速获取所需的结果，具体包括如下几个方面：

① 单井信息导航。

以长庆油田 RDMS 应用为例，以单井井号作为检索项，通过井号关联 RDMS 单井主数据库，获取单井的坐标、经纬度等属性信息，JoGIS 根据属性信息，创建动态井号图层，实现了单井在地质图上的快速定位及各专业数据、成果数据的快速提取，包括单井静态资料，生成建设报表和油井、气井、水井的产量数据等。单井信息导航技术思路如图 3.6 所示。

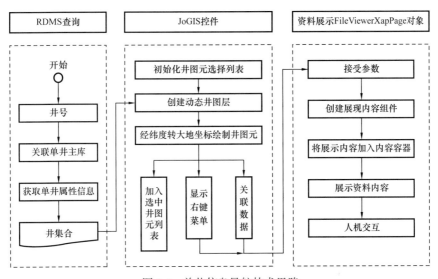

图 3.6　单井信息导航技术思路

在单井信息导航技术应用中，首先以井号作为检索项，在通过关联单井主库并进行检索，获取井相关信息；然后，调用 JoGIS 控件，JoGIS 控件根据井信息，创建动态井图层，并通过经纬度转大地坐标绘制井图元；最后，调用展现内容组件，将井信息以图形方式展现给用户。

② 地震测线导航。

以地震测线号作为检索项，通过测线号关联 RDMS 测线索引库，可快速获取地震测线 CDP 坐标属性信息，JoGIS 根据测线信息，可创建动态测线图层，实现了测线在地质图上的快速投影，并可动态关联地震 SEGY 数据，快速获取地震成果数据。地震测线导航技术设计思路如图 3.7 所示。

在地震测线导航技术应用中，首先以地震测线号作为检索项，在 RDMS 测线索引库中进行检索，获取地震测线 CDP 坐标属性信息；然后，调用 JoGIS 控件，JoGIS 控件根据测线信息，创建动态测线图层，实现了测线在地质图上的快速投影。

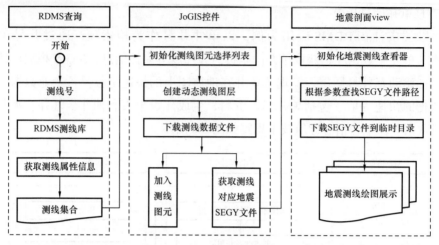

图 3.7　地震测线导航技术思路

③ 面图元数据导航。

　　基于长庆油田已建成的矢量化分图层管理的地质图形库，通过在平面地质图件不同图层选中不同面元对象，自动获取面图元（油田、区块、储量单元）对象等属性信息，实现了不同研究区块的快速切换，同时支持对选中面图元进行检索关联的知识库相关文档，进行综合研究。面图元地质导航示意图如图 3.8 所示。

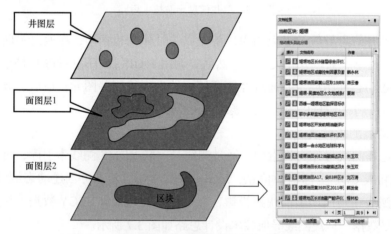

图 3.8　面图元导航快速获取区块研究成果示意图

3.1.3　油田数据采集的应用

　　数据采集是油田数据链中的一个重要环节，也是决定油气资源能否找到、能否顺利开采的关键步骤。采用不同技术和方法，有着不同的采集过程，形成不同的数据集。在油田数据中，油气藏勘探数据是寻找和发现油田的主要依据，下面主要讲述数据采集在地震勘探技术的应用。

　　地震勘探是一种数据采集的方法，是获取勘探数据的关键途径和手段之一。地震勘探的基本工作流程是采用人工震源的方法获取地震勘探的数据。在人工震源中，当一个工人爆炸震源之后，产生的波会在地层中进行传播，当波在传播中遇到地层、构造的界面时，会发生反射现象，当反射波返回到地面，就可以获取地质体的特征。油田地震工作方式与数据关系图如图 3.9 所示，这也说明油气田勘探自始至终都是围绕数据展开工作的。

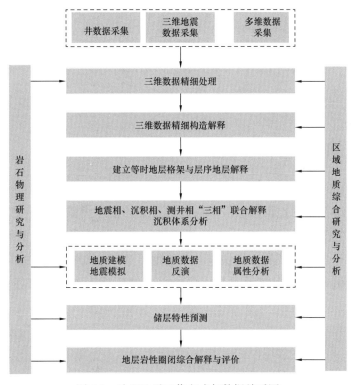

图 3.9　油田地震工作方式与数据关系图

　　在油气藏勘探中，地震勘探工作由地震资料采集、地震资料处理和地震资料分析构成，如图 3.10 所示的地震探勘工作路程图。采集的数据分为测量数据（测量成果及图件）、激发数据、防线数据（采集站遥测、检波器等参数等）、爆炸数据（防爆记录）和仪器接收数据（地震波数据）等。

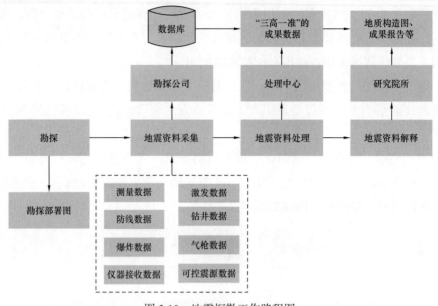

图 3.10　地震探勘工作路程图

3.2　油田大数据传输

数据传输，指的是依照适当的规程，经过一条或多条链路，在数据源和数据宿之间传送数据的过程。也表示借助信道上的信号将数据从一处送往另一处的操作。在生产运营过程中，油田企业需要将大量传感设备收集的地质、勘探、开发和生产等各个领域的数据快速、准确地传送到数据中心，并加以存储和利用。数据传输在油田大数据采集、传输、存储、分析及应用等环节占据重要地位。

3.2.1　数据传输介质

传输介质是网络中连接收发双方的物理通路，也是通信中实际传输信息的载体。按路径类型来分，传输介质可分为有线传输介质和无线传输介质两大类；按能量形式来分，电气能量用于有线传输，无线电波用于无线传输，光应用于光纤传输，如图 3.11 所示。不同的传输介质，其特性也各不相同，它们不同的特性对网络中数据通信质量和通信速度有较大影响。

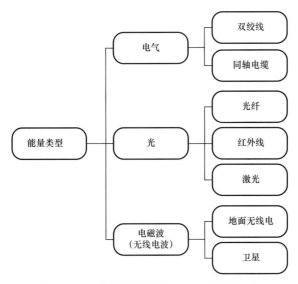

图 3.11　按使用的能量形式对介质进行分类

通常，使用术语导向传输和非导向传输，以便区分物理介质传输和无线电波传输。物理介质（如铜导线或者光纤）提供明确的传输路径，而无线电波则通过自由空间在所有方向上传播。非正式地，工程人员也经常使用有线和无线这两个术语。

3.2.1.1　导向传输介质

导向传输介质，或者叫有线传输介质，是指在两个通信设备之间实现的物理连接部分，它能将信号从一方传输到另一方，有线传输介质主要有双绞线、同轴电缆和光纤。双绞线和同轴电缆传输电信号，光纤传输光信号。

（1）双绞线：双绞线由按规则螺旋结构排列的 2 根、4 根或 8 根绝缘导线组成。一对导线可以作为一条通信线路，各个线对螺旋排列的目的是使各线对之间的电磁干扰最小。双绞线通常分为两类：屏蔽双绞线与非屏蔽双绞线。屏蔽双绞线由外部保护层、屏蔽层与多对双绞线组成。非屏蔽双绞线由外部保护层与多对双绞线组成，图 3.12 给出了第 5 类双绞线的基本结构。无论是模拟信号还是数字信号传输，双绞线都是最常用的传输介质。

双绞线按照传输特性可以分为五类。在典型的以太网中，常用第五类非屏蔽双绞线，通常简称为五类线。其中，五类线的带宽为 100MHz，适用于语音与 100Mbps 的高速数据传输。随着千兆以太网的出现，高性能双绞线标准不断推出，例如，增强型五类线、六类线以及使用金属箔的七类屏蔽双绞线等。七类屏蔽双绞线的带宽已经达到 600～1200MHz。

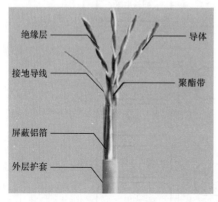

图 3.12 第 5 类双绞线的基本结构

（2）同轴电缆：同轴电缆以硬铜线为芯（导体），外包一层绝缘材料（绝缘层），这层绝缘材料再用密织的网状导体环绕构成屏蔽，其外又覆盖一层保护性材料（护套）。同轴电缆的这种结构使它具有更高的带宽和极好的噪声抑制特性。

同轴电缆根据带宽可以分为两类：基带同轴电缆和宽带同轴电缆。其中，基带同轴电缆一般仅用于数字信号的传输。宽带同轴电缆可以使用频分多路复用方法，将一条电缆的频带划分成多条通信信道，使用各种调制方式来支持多路传输。宽带同轴电缆也可以只用于一条通信信道的高速数字通信，此时称为单信道宽带。同轴电缆的基本结构如图 3.13 所示。

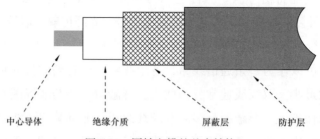

图 3.13 同轴电缆的基本结构

（3）光纤：光纤是传输介质中性能最好、应用前途最广泛的一种。光纤是一种直径为 50～100μm 的柔软、能传导光波的介质，多种玻璃和塑料可以用来制造光纤，其中使用超高纯度石英玻璃纤维制作的光纤的纤芯可以得到最低的传输损耗。在折射率较高的纤芯外面，用折射率较低的包层包裹起来，外部包裹涂覆层，这样就可以构成一条光纤。多条光纤组成一束，构成一条光缆。图 3.14 给出了光纤的基本结构。

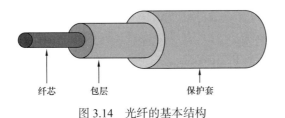

纤芯　　包层　　　　　保护套

图 3.14　光纤的基本结构

光纤通过内部的全反射来传输一束经过编码的光信号。由于光纤的折射系数高于外部包层的折射系数，因此可以形成光波在光纤与包层的界面上的全反射。图 3.15 给出了光波通过光纤内部全反射进行光传输的过程。

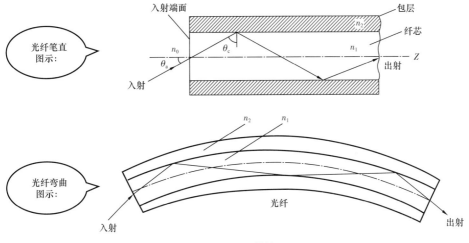

图 3.15　光纤的传输原理

3.2.1.2　非导向传输介质

利用无线电波在自由空间的传播可以实现多种无线通信。在自由空间传输的电磁波根据频谱可将其分为无线电波、微波、红外线和激光等，信息被加载在电磁波上进行传输。非导向传输介质也叫无线传输介质，在局域网中，通常只使用无线电波和红外线作为传输介质。无线传输的优点在于安装、移动以及变更都较容易，不会受到环境的限制。但信号在传输过程中容易受到干扰和被窃取，且初期的安装费用较高。

（1）微波（无线电）传输：微波是频率为 $10^8 \sim 10^{10}$Hz 的电磁波。在 100MHz

以上，微波就可以沿直线传播，因此可以集中于一点。通过抛物线状天线把所有的能量集中于一小束，便可以防止他人窃取信号和减少其他信号对它的干扰，但是发射天线和接收天线必须精确地对准。由于微波沿直线传播，所以如果微波塔相距太远，地表就会影响信号的传输。因此，隔一段距离就需要一个中继站，微波塔越高，传输的距离越远，如图 3.16 所示。微波通信被广泛用于长途电话通信、监察电话、电视传播和其他方面的应用。

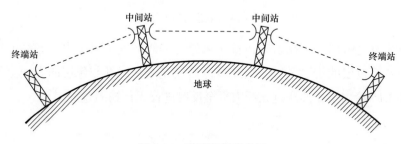

图 3.16　微波通信示意图

（2）红外线：红外线是频率为 $10^{12} \sim 10^{14}$Hz 的电磁波。无导向的红外线被广泛用于短距离通信。电视和录像机使用的遥控装置都利用了红外线装置。红外线有一个主要缺点：不能穿透坚实的物体。但正是由于这个原因，一间房屋里的红外系统不会对其他房间里的系统产生串扰，所以红外系统防窃听的安全性要比无线电系统好。

（3）激光传输：与红外线类似，激光通信沿视线传播，并且要在通信站点之间有一条清晰且畅通无阻的路径。与红外发送器不同的是，激光束覆盖的区域不能太宽阔，只有几厘米宽。这样，发送器和接收器必须精确校准，以确保发送器的光束能准确到达接收设备的感应器。在典型的通信系统中，必须具有双向通信能力，因此每一边都必须有一个发送器和一个接收器，并且两边的发送器都必须经过仔细校准。因为校准非常关键，所以点对点激光设备通常都是固定安装的。激光束具有适合户外使用的优点，并且与红外相比可以传播更长的距离，因此激光技术特别适用于城市楼宇之间的信息传输。例如，假设有一个大公司同时在两栋相邻的大楼里拥有办公室，但是一般不允许公司在建筑物之间跨街道布线。不过，公司可以购买激光通信设备并且固定安装在两栋大楼上，根据需要既可以分别安装在两栋大楼的旁边，也可以安装在屋顶。一旦设备采购安装后，日常的运营费用是相对较低的。激光传输的缺点之一是不能穿透雨和浓雾，但是在晴天里可以工作得很好。

（4）蜂窝无线通信：蜂窝无线通信也叫移动网络通信，是采用蜂窝无线组网方式，在终端和网络设备之间通过无线通道连接起来，进而实现用户在活动中的相互通信。

（5）卫星通信：利用人造地球卫星作为中继站来转发无线电波，从而实现两个或多个地球站之间的通信。卫星通信系统由卫星和地球站两部分组成，如图 3.17 所示。卫星通信的特点是：通信范围大；只要在卫星发射的电波所覆盖的范围内，从任何两点之间都可进行通信；不易受陆地灾害的影响（可靠性高）；只要设置地球站电路即可开通（开通电路迅速）；同时可在多处接收，能经济地实现广播、多址通信（多址特点）；电路设置非常灵活，可随时分散过于集中的话务量；同一信道可用于不同方向或不同区间（多址连接）。

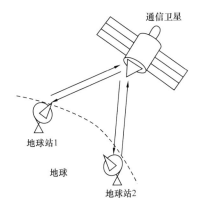

图 3.17　卫星通信系统组成图

3.2.2　数据传输模式

数据传输是数据从一个地方传送到另一个地方的通信过程。数据传输系统通常由传输信道和信道两端的数据电路终接设备（DCE）组成，在某些情况下，还包括信道两端的复用设备。传输信道可以是一条专用的通信信道，也可以由数据交换网、电话交换网或其他类型的交换网路来提供。数据传输系统的输入输出设备为终端或计算机，统称数据终端设备（DTE），它所发出的数据信息一般都是字母、数字和符号的组合，为了传送这些信息，就需将每一个字母、数字或符号用二进制代码来表示。按不同的分类方式，数据传输模式可以分为不同的类型。

（1）按顺序分类。

按数据传输的顺序，可以把数据传输分为并行传输和串行传输两个基本类型。

并行传输是指在分离的媒体上同时传输多个数据位的传输机制。通常来说，并行传输模式用于具有多根独立导线的有线介质。例如，采用 8 单位代码字符可以用 8 条信道并行传输，一条信道一次传送一个字符。

并行传输不需要另外措施就实现了收发双方的字符同步，并且可以同时发

送 N 位，其传送速率是同等串行接口的 N 倍。此外，在机器内部，计算机和通信硬件都使用并行电路，因此并行接口与内部硬件能较好地匹配。其缺点是传输信道多、设备复杂、成本较高。

串行传输是数据流以串行方式在一条信道上一次传送一个码位的方式传输。该方法易于实现。缺点是要解决收、发双方码组或字符的同步，需外加同步措施。串行传输方式在数据传输时采用较多。

（2）按方式分类。

在串行传输时，接收端如何从串行数据流中正确地划分出发送的一个个字符所采取的措施称为字符同步。根据实现字符同步方式的不同，数据传输模式有异步传输、同步传输和等时传输三种方式。

异步传输每次传送一个字符代码（5～8bit），在发送每一个字符代码的前面均加上一个"起"信号，其长度规定为 1 个码元，极性为"0"，后面均加一个止信号，在采用国际电报二号码时，止信号长度为 1.5 个码元，在采用国际五号码或其他代码时，止信号长度为 1 或 2 个码元，极性为"1"。字符可以连续发送，也可以单独发送；不发送字符时，连续发送止信号。每一字符的起始时刻可以是任意的（这也是异步传输的含义所在），但在同一个字符内各码元长度相等。接收端则根据字符之间的止信号到起信号的跳变（"1"→"0"）来检测识别一个新字符的"起"信号，从而正确地区分出一个个字符。因此，这样的字符同步方法又称起止式同步。该方法的优点是：实现同步比较简单，收发双方的时钟信号不需要精确的同步。缺点是每个字符增加了 2～3bit，降低了传输效率。例如，RS–232 技术就是典型的异步传输方式。

同步传输是以固定时钟节拍来发送数据信号的。在串行数据流中，各信号码元之间的相对位置都是固定的，接收端要从收到的数据流中正确区分发送的字符，必须建立位定时同步和帧同步。位定时同步又叫比特同步，其作用是使数据电路终接设备（DCE）接收端的位定时时钟信号和 DCE 收到的输入信号同步，以便 DCE 从接收的信息流中正确判决出一个个信号码元，产生接收数据序列。DCE 发送端产生定时的方法有两种：一种是在数据终端设备（DTE）内产生位定时，并以此定时的节拍将 DTE 的数据送给 DCE，这种方法叫外同步；另一种是利用 DCE 内部的位定时来提取 DTE 端数据，这种方法叫内同步。对于 DCE 的接收端，均是以 DCE 内的位定时节拍将接收数据送给 DTE。帧同步就是从接收数据序列中正确地进行分组或分帧，以便正确地区分出一个个字符或其他信息。同步传输方式的优点是不需要对每一个字符单独加起、止码元，因此传输效率较高。缺点是实现技术较复杂。

等时传输是专门为包含声音和视频的多媒体应用提供稳定比特流而设计的。为了实现等时，系统必须经过仔细设计以使得发送器和接收器能看到连续的数据流，并且在帧的起始没有额外的延迟。等时传输可以看作是不提供新的底层传输机制的同步传输方式。

按顺序分类和按方式分类的数据传输模式之间的关系如图 3.18 所示。

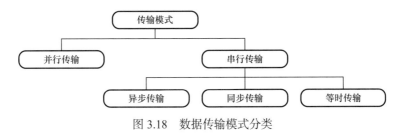

图 3.18　数据传输模式分类

（3）按关系分类。

按数据传输的流向和时间关系，数据传输方式可以分为单工数据传输、半双工数据传输和全双工数据传输。

单工数据传输是两数据站之间只能沿一个指定的方向进行数据传输，即一端的 DTE 固定为信源，另一端的 DTE 固定为信宿。

半双工数据传输是两数据站之间可以在两个方向上进行数据传输，但不能同时进行。即每一端的 DTE 既可作信源，也可作信宿，但不能同时作为信源与信宿。在半双工数据传输中，介质的两端需要增加额外的机制来协调通信，确保在给定的时间内只有一端发送信息。

全双工数据传输是在两数据站之间，可以在两个方向上同时进行数据传输。即每一端的 DTE 均可同时作为信源与信宿。

通常，四线线路实现全双工数据传输。二线线路实现单工数据传输或半双工数据传输。在采用频率复用、时分复用或回波抵消等技术时，二线线路也可实现全双工数据传输。

3.2.3　其他油田数据传输技术

除了传统的局域网及互联网之外，在油田数据传输中，无线自组网和无线传感器网络等正在发挥着越来越重要的作用。

3.2.3.1 无线自组网

无线自组网是由一组带有无线通信收发设备的移动结点组成的多跳、临时和无中心的自治系统。网络中的移动结点本身具有路由和分组转发的功能，可以通过无线方式自组成任意的拓扑。无线自组网可以独立工作，也可以接入移动无线网络或互联网。当无线自组网接入移动无线网络或互联网时，考虑到无线通信设备的带宽与电源功率的限制，它通常不会作为中间的承载网络，而是作为末端的子网出现。它只会产生作为源结点的数据分组，或接收将本结点作为目的结点的分组，而不转发其他网络穿越本网络的分组。无线自组网中的每个结点都担负着主机与路由器双重角色。结点作为主机，需要运行应用程序。结点作为路由器，需要根据路由策略运行相应的程序，参与分组转发与路由维护的功能。无线自组网的结构如图3.19所示。

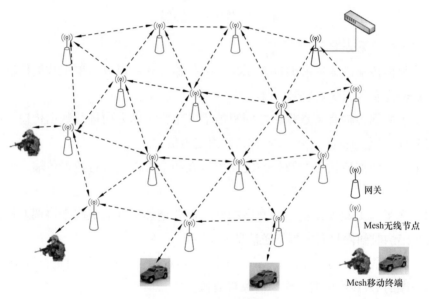

图3.19　无线自组网结构示意图

无线自组网具有可临时组网、快速展开、无控制中心、动态拓扑和抗毁性强等特点，在军事方面和民用方面都具有广阔的应用前景，是网络研究中的热点。

无线自组网在办公、会议、个人通信、紧急状态和临时性交互式通信等应用领域都有重要的应用前景。比如，当处于偏远地区或野外地区时，无法依赖固定或预设的网络设施进行通信，无线自组网技术则是最佳选择。它可以用于野外科考队、边远地质勘探作业、边远地区巡井或巡线任务的通信等。对于像执行运输任务的汽车队这样的动态场合，无线自组网技术也可以提供很好的通信支持。

3.2.3.2　无线传感器网络

无线传感器网络是一种分布式传感网络，由大量的静止或移动的传感器以自组织和多跳的方式构成的无线网络，以协作地感知、采集、处理和传输网络覆盖地理区域内被感知对象的信息，并最终把这些信息发送给网络的所有者。传感器、感知对象和观察者构成了无线传感器网络的三个要素。远程监测无线传感器网络系统的典型结构如图 3.20 所示。

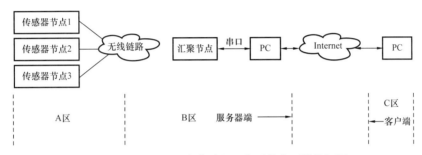

图 3.20　远程监测无线传感器网络系统典型结构框图

无线传感器网络所具有的众多类型的传感器，可探测包括地震、电磁、温度、湿度、噪声、光强度、压力、土壤成分、移动物体的大小、速度和方向等周边环境中多种多样的现象。潜在的应用领域可以归纳为：军事、航空、防爆、救灾、环境、医疗、保健、家居、工业和商业等领域。

与传统有线网络相比，无线传感器网络技术具有很明显的优势特点，主要的要求有：低能耗、低成本、通用性、网络拓扑、安全、实时性、以数据为中心等。

由于无线传感器网络的特殊性，其应用领域与普通网络有着显著地区别，主要包括以下几类：

（1）军事应用。利用无线传感器网络可以快速部署、自行组织网络、隐蔽性强、高容错性的特点，可以在战场上广泛应用。包括对敌军兵力与武器的监测、战场实时监视、目标定位与锁定、战果评估等。

（2）紧急和临时场合。当遭受自然灾难打击后，固定的通信网络设施可能被全部摧毁或无法正常工作，在边远或偏僻野外地区和植被不能破坏的自然保护区，无法采用固定或预设的网络设备通信。在这些情况下，都可以利用无线传感器网络的快速展开和自组织特点来解决。

（3）环境监测。比如农田灌溉情况监控、土壤成分监测、环境污染情况监测、森林火灾报警、水情监测、气温监测、关照时间数据的采集等许多场合。

（4）医疗护理。包括患者生理数据采集、医疗器材的管理、药品的发放以及关键人员的跟踪与定位等。

（5）智能家居。在家电和家居中嵌入无线传感器网络（Wireless Sensor Network，WSN）的传感器节点，并与互联网连接在一起，可以提供更舒适、方便、更具人性化的家居环境。

（6）工厂监控。比如化工、石油、电力、机械加工和纺织印染等行业采用无线传感器网络技术可以很方便地进行监测。

在油气储运领域，石油管道通常需要穿越大片荒无人烟的地区，这些地方的管道监控一直是个难题，采用传统的人力巡查几乎是不可能的事情。而现有的监控产品往往功能复杂且价格昂贵。将无线传感器网络布置在管道上可以实时监控管道情况，一旦有破损或恶意破坏都能在控制中心实时了解到。美国加州大学伯克利分校的研究员认为，如果美国加州将这种技术用于电力使用状况监控，电力调控中心每年将可以节省 7 亿～8 亿美元。

3.3　油田大数据存储

数据存储分为虚拟存储和物理存储。一般来说，数据进行一个物理存储、一个虚拟存储就可以。但是，针对特别重要的数据，一定要进行第三方存储，也就是一个备份，在理论上这是最安全的存储方式，也不至于因为存储设备故障、数据繁多溢出或其他故障造成数据的泄露或丢失。

3.3.1　数据存储介质

存储介质是数据存储的载体，是保障数据存储安全与质量的基础。存储介质并不是越贵越好、越先进越好，要根据不同的应用环境和应用需求，合理选择存储介质。常见的数据存储介质有移动硬盘、固态硬盘、可记录光盘、MP3、MP4、U 盘、闪存卡等。

数据的自身价值不同，其所处的生命周期的阶段也不一样，对存储介质的要求也不同。因此，在选择存储介质时，需要考虑如下一些因素：

（1）介质的耐久性。

耐久性能高的存储介质不容易损坏，降低了数据损失的风险。因而，存储数据应选用对环境要求低、不容易损伤的、耐久性能高的介质。

（2）容量恰当。

介质的高容量不仅有利于存储空间的减少，还便于管理，但会使存储的成本增加。对于大容量数据，如果存储介质容量低，将不利于存储数据的完整性。介质的存储容量最好与所管理的数据量大小相匹配为好。

（3）费用低。

介质的价格低，可以减少存储管理与系统运行的费用。

（4）广泛的兼容性。

为减少 IT 业界对存储介质不支持的风险，应当选用具有广泛可使用性的存储介质，特别应注意选用能满足工业标准的存储介质。

3.3.2　数据存储方式

针对数据存储对象包括数据流在加工过程中产生的临时文件或加工过程中需要查找的信息，常用的数据存储方式主要包括如下 4 种类型：

（1）在线存储。

有时也称为二级存储。这种存储方式的好处是读写非常方便迅捷，缺点是相对较贵并且容易因为误操作或者防病毒软件的误删除而使数据受到损害。这种存储方式提供最好的数据获取便利性，大磁盘阵列是其中最典型的代表之一。

（2）脱机存储。

脱机存储用于永久或长期保存数据，而又不需要介质当前在线或连接到存储系统上。这种存储方式指的是每次在读写数据时，必须人为地将存储介质放入存储系统。脱机存储的介质通常可以方便携带或转运，如磁带、移动硬盘和固态硬盘等。

（3）近线存储。

也称为三级存储。自动磁带库是一个典型代表。比起在线存储，近线存储提供的数据获取便利性相对差一些，但是价格要便宜些。近线存储由于读取速度较慢，主要用于归档较不常用的数据。

（4）异站保护。

这种存储方式保证即使站内数据丢失，其他站点仍有数据副本。为了防止可能影响到整个站点的问题，许多人选择将重要的数据发送到其他站点来作为灾难恢复计划。异站保护可防止由自然灾害、人为错误或系统崩溃造成的数据丢失。

3.3.3　油田大数据存储技术

随着数字油田的建设，油田企业获取的数据量异常庞大。为了能够快速、稳定地存取这些数据，至少需要依赖于磁盘阵列。同时，还要通过分布式存储的方式将不同区域、类别和级别的数据存放于不同的磁盘阵列中。当前，典型的油田大数据存储技术路线主要有三种：

第一种，是采用大规模分布式处理 MPP 架构的新型数据库集群，重点面向行业大数据，采用 Shared Nothing 架构，通过列存储、粗粒度索引等多项大数据处理技术，再结合 MPP 架构高效的分布式计算模式，完成对分析类应用的支撑，运行环境多为低成本 PC 服务器，具有高性能和高扩展性的特点，在油田企业分析类应用领域获得极其广泛的应用，可以有效支撑 PB 级别的结构化数据分析，这是传统数据库技术无法胜任的。

第二种，是基于 Hadoop 的技术扩展和封装，围绕 Hadoop 衍生出相关的大数据技术，应对传统关系型数据库较难处理的数据和场景。例如针对非结构化数据的存储和计算等，充分利用 Hadoop 开源的优势。伴随相关技术的不断进步，其应用场景也将逐步扩大，目前最为典型的应用场景就是通过扩展和封装 Hadoop 来实现对互联网大数据存储、分析的支撑。对于非结构、半结构化数据的处理、复杂的 ETL 流程、复杂的数据挖掘和计算模型，Hadoop 平台更擅长。

第三种，是大数据一体机。这是一种专为大数据的分析处理而设计的软件与硬件结合的产品，由一组集成的服务器、存储设备、操作系统、数据库管理系统以及为数据查询、处理和分析用途而特别预先安装及优化的软件组成，高性能大数据一体机具有良好的稳定性和纵向扩展性。

3.4　油田数据中心

油田数据中心是依照油田勘探开发数据运行规律，围绕单井、油气藏全生命周期，建立数据管理模型和模式，规范数据从产生到应用的全过程，并在该模式指导下，建立完善配套的数据管理组织机构、运行制度和基础设施，为信息系统的运行和资源共享提供可靠的数据保障和服务。

为了适应油田大数据的建设需要，制订科学的数据中心发展战略至关重要。首先，要从大数据的长远发展目标出发，注重基础设施建设与数据管理和服务工作制度、工作规范的建设。在油田公司决策层和其他单位领导大力支持和重视的情况下，在提供生产数据服务的基础上，实现对基础数据的加工整理，进一步为领导决策提供信息支持，并努力把握软件技术、网络技术、信息管理技术和石油领域研究技术等方面的新技术发展状况，加强数据中心的技术更新力度，使其满足油田生产、科研和管理等方面技术和应用需求不断变化的要求。

3.4.1　数据中心现状与趋势

在我国企业信息化建设过程中，石油企业的信息化起步较早，发展较快，特别是近年来取得了较大的成就，为油田企业利用信息技术改造传统工业、提高油田经济效益发挥了较大的作用。作为在油田信息化建设中起着决定作用的信息化组织管理方式，也在为适应油田信息化建设的需要而逐步改进。

油田信息化建设大致可以分为三个阶段：第一阶段是以数字计算和地质研究为主，主要引进国外成熟软件和技术方法。这些软件的应用在油田较快地建立起了科学勘探、开发的油田数学模型。这一阶段主要靠勘探开发研究院来实现。第二阶段是以数据库建设及应用为主，开发建设了适合油田局部信息化的应用软件。油田信息中心在这个阶段中发挥了重要作用。第三阶段是以建设数字油田为主要内容的油田全面信息化建设。数字油田以丰富的数据为基础，以提供油田生产、科研、管理和决策数据的收集、处理和服务为基本内容。把数据视为油田的资产，强调信息的整合（纵向和横向）和共享。油田数据中心在这个阶段的建设中具有至关重要的作用。

何谓油田数据中心？从应用角度来看，油田数据中心是一个利用当今先进信息技术手段，以油田勘探、开发、生产和经营等数据管理、数据处理和数据服务为核心业务的专业数据管理机构。它需要集成信息基础设施管理、信息系统建设、油田数据管理和服务的功能。

可以形象地把数据中心比之于交通系统：网络及硬件设备就是这个系统中的高速公路及交通基础设施，信息系统则是在公路上行驶的车辆，数据则是各种车辆运载的货物。三者之间彼此独立又紧密相连，在数据中心统一的管理体系下发挥各自的作用。

数据中心建设是数字油田建设重要的组成部分。油田生产具有很长时间的延续性，在油田勘探开发过程中获得了大量数据资料，这些数据资料可以指导油田生产并准确地记录油田每一刻的生产状况，是油田公司投入大量资金获得的数据资产。建立数据中心可以较好地保护和充分地利用这些数据资源，为加快勘探开发、提高油田经济效益服务。

油田数据中心以数据管理和服务为核心业务，前者以管理为主，后者以技术为主。在建设需求上需要注重管理和技术两个方面的功能。在管理方面，要明确管理职能，充分确立数据中心在油田信息化建设中的中心地位，要能够提出油田信息化建设的规划和实施方案，并组织实施。在技术方面，要建立完整的数据加工、管理和服务所必需的软硬件设备，建立油田数据资产进行集中与分布相结合的数据管理和应用体系，确保油田勘探、开发、生产、经营和管理等方面数据的正确性、完整性、一致性和及时性。

数据中心是一个庞大的系统工程，它承担着计算、存储和应用等多种职能，已成为信息化建设的新热点和核心内容。在多年的探索和实践过程中，我国积累了丰富的数据中心建设和管理经验，逐步形成了完整的科学体系。

随着信息技术的发展，近年来，无论是芯片、架构、系统还是软件都取得了很大进步，刀片系统、多核技术、虚拟化应用、冷却技术、智能管理软件等新技术层出不穷，对传统数据中心应用和管理带来极大冲击；同时，企业业务模式也发生了极大变革，急需建设新一代数据中心来适应这一变化。从目前来看，现有数据中心主要存在如下一些问题：

（1）可靠性和可用性不足。

数据中心的应用在节约整体成本、提高 IT 效率的同时，也对数据中心的可靠性和可用性提出了更高的需求。如果核心数据中心发生瘫痪，将造成机构的业务停顿，企业对数据中心基础设施和运行维护的要求更高。整体来看，绝大多数企业在重大灾难面前对于快速实现灾难恢复和业务连续性计划缺乏具体的措施和对策。近几年，银行、保险、证券和民航等行业相继出现了一些数据中心故障，造成了很大的社会影响和经济损失，很多数据中心的可靠性和可用性令人担忧。

（2）可持续发展能力不足。

随着 IT 技术的高速发展，新一代高密度服务器和存储设备不断涌现。伴随着业务扩展和信息化程度的提高，当前的数据中心已不再只是支持某些单一的应用或是日常的数据存储和计算功能，而是要为整个业务运营系统的正常运行提供支撑和服务。机构 IT 技术和业务发展对数据中心基础设施的等级标准和服务能力提出了更高的要求。目前，大多数机构的数据中心无法做到资源的灵活分配，而在资源共享、提高设备利用率等方面也不能完全实现。据统计，近半数以上的数据中心超过 20% 的服务器处于闲置状态或利用率极低。造成这种状况的根本原因是传统的数据中心通常构建在各种独立的信息技术之上，各个系统之间无法相互通信。同时由于资源无法共享，致使服务器和存储系统的性能无法得到充分的利用。

（3）专业化运维管理水平有待提高。

目前的数据中心与以往相比，规模更为庞大，结构也更加复杂。传统的数据中心运维管理水平普遍较低、专业化程度不高，显然已无法适应机构对数据中心合规性、可用性、经济性和服务性的要求，严重影响到数据中心的生命周期。多数机构的数据中心管理表现一般，整体架构存在缺陷，效率低下。因此，如何改进和提高现有的管理手段以达到专业化运维管理水平，借助国际上成熟的理论和标准（如 IT 服务管理国际标准）进一步加强风险控制成为当务之急。

（4）数据中心的绩效评估困难。

数据中心建设作为提升机构核心竞争力的手段已被更多的企业决策者们所认同，但是绩效评估现状有些令人沮丧。少则千万、多则上亿元的资金投入并没有在财务绩效方面有显著的改善和提升，有些企业反而陷入了无休止的系统维护升级和资金被迫不断投入的窘境之中。数据中心全生命周期战略绩效的评估是让企业决策者们能够全面、准确地认识企业 IT 绩效的关键所在。企业的 IT 建设最终是通过对企业业务的促进来实现其绩效评估的，因此，数据中心的绩效评估不仅重视财务数据的评估，还应当从过程、创新、用户满意度以及短期和长期效益等多个层面进行全面评估，并且从数据中心可持续发展的角度来分析 IT 建设对机构运营的战略影响。

从数据中心功能变迁进化的角度分析，数据中心经历了三种形态的发展，即计算中心、信息中心和服务中心。作为一个系统工程，除了新一代数据中心更加强调高可用性、高连续性和高灵活性等外，必须具备如下几个基本特征：

（1）灵活性。

灵活性是新一代数据中心的重要指标之一，同时也是机构业务变更过程中的必然需求。机构在扩展、增加业务时，必然要对 IT 资源做出动态调整。虚拟化技术是实现业务灵活性的重要手段，使用较少的硬件和电力能耗，便能实现更大的处理能力。大量的机构为了资源整合采用了虚拟化产品，这些产品能够使虚拟化应用扩展到服务器以外的领域，包括存储和网络设备。

（2）绿色节能。

能耗是数据中心主要的运维成本，建设绿色数据中心，可以达到节省运维成本、提高数据中心容量、提高电源系统的可靠性及可扩展的灵活性等效果。理想状态下，通过虚拟化、刀片服务器、水冷方式等多种降耗方式，在满足同等 IT 设备供电情况下，绿色数据中心可以降低空调能耗 20%～45%。因此，绿色数据中心是新一代数据中心发展的重要方向之一。至于如何实现数据中心的绿色环保，从芯片、服务器、存储到网络设备厂商，甚至是软件厂商，都在通过更优化的设计，力图在提升产品性能的同时，推出更为节能的产品，以帮助数据中心实现节能降耗。服务商可以从数据中心生命周期的角度，从建设到运维，全面实施绿色节能策略。

（3）模块化。

新一代数据中心应当具备模块化的特征，这些模块是基于标准的，能够被灵活地采购和获取，具有极高的安全特性，尤其重要的是应该采用面向服务的架构，从而使机构可以更加灵活、动态地部署新业务和应用。数据中心采用模块化方式构建将更灵活，更适应未来数据中心发展的需要。可以按应用、服务类型和资源耗费率将数据中心分成多个功能区域。各个功能区域在不影响其他区域运行的情况下，可以动态升级和维护。

（4）系统整合。

整合是新一代数据中心领域需关注的重要管理手段。机构可以通过重新设置服务器，提高服务器利用效率或者采用新型刀片服务器等多种方式提升数据中心的利用效率。机构也可以通过采用虚拟化技术及关闭高能耗、低效率数据中心等手段整合数据中心资源。

（5）自动化管理。

新一代数据中心应当具备快速服务交付能力，实现可视性、可控性的自动化管理；同时，能够提供更高的效率、更经济的成本和更快的响应速度，使机构能够轻松应对服务变化和发展的需要。在新一代数据中心中，需要自动化管理工具对大量和复杂的 IT 管理任务进行智能化和自动化的部署。新一代自动化

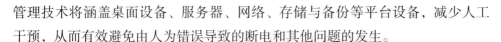

管理技术将涵盖桌面设备、服务器、网络、存储与备份等平台设备，减少人工干预，从而有效避免由人为错误导致的断电和其他问题的发生。

（6）稳定性和安全性。

早期的数据中心基础设施无法从中断事故中快速恢复，同时，网络攻击和网络病毒给数据中心的安全制造了诸多的麻烦。系统稳定和安全必将成为新一代数据中心的基本属性。虚拟化技术在系统的可靠性方面扮演着越来越重要的角色，它能够整合各种异构的资源。当某个系统出现故障时，可以实现动态迁移，从而保障应用的不中断运行。

（7）虚拟化和云计算。

新一代数据中心应该具备虚拟化的特征，虚拟化将打破 IT 用户和 IT 资源之间的束缚，让复杂的系统简单化。虚拟化是影响新一代数据中心发展的重要技术之一。虚拟化的优势在于有效地提高了数据中心的利用效率，降低了投资成本，整合、优化了现有服务器的资源和性能，可以灵活、动态地满足业务发展的需要。虚拟化让数据中心所承载的基础设施资源可以像水、电一样随意取用。与虚拟化紧密相连的商业模式是云计算，云计算的核心就是虚拟化资源共享。

3.4.2　数据中心的建设模式

数据中心建设是一项周密的系统工程，涉及数据中心选址、基础设施建设、运维管理队伍建设等一系列工作，不仅在建设期间需要投入大量的人力、物力和财力，而且在建成后还要持续投入大量的运营管理资金和人员。建设模式的选择作为数据中心建设的一项重要基础工作，应在数据中心建设前期给予足够的重视。数据中心建设模式，主要是指相关资源的获取方式，目前主要有三种：自建、共建和外包。从国内外实践经验和案例来看，多企业共建模式的弊端较多，案例很少，一般不予考虑。因此，在数据中心建设中，主要考虑自建模式和外包模式。

3.4.2.1　建设模式分析

自建，是指企业自己拥有并独享数据中心基础设施建设和运维管理团队。外包，是指企业选择第三方专业服务商，替代内部资源来承担数据中心的规划、建设、运营、管理和维护。例如，租用数据中心场地、设备，将数据中心运行维护外包给专业服务商等形式。主要从财务、能力和效率角度分别对自建和外包模式展开分析。

（1）财务方面。

从财务的角度来分析不同建设模式对企业利益的影响是重要环节。这个角度主要评估两个对企业利益有影响的问题：在一定周期内两种模式的总成本支出不同，以及两种模式下的成本支出反映到财务报表的形式不同。

在基建成本方面，数据中心对建筑物、精密空调、消防、电力和通信等基础设施要求高，投资大，每平方米建设成本高达万元以上，如果面积在上万平方米，则可以享受到规模效应带来的单位面积成本的降低。数据中心规模越小，单位成本就越高；规模越大，单位成本就越低。采用外包模式，企业可根据IT系统建设周期和实际的机房面积需求，灵活租用场地空间，通过共享专业的基础设施，借助专业服务商庞大的数据中心规模，大幅节约在基础设施成本方面的投资。超大型企业所需数据中心规模很大，可采用自建模式，而大多数企业所需数据中心规模不大，适合采用外包模式。像中国石油和中国石化等这样规模的油田企业，由于业务数据量大、业务类型多样等因素，适合采用自建与外包相结合的方式。

在运维成本方面，数据中心每年的运营费用主要包含房屋及设备的维护、折旧费、人员的工资福利、电费、水费和通信费等，这些费用加起来，每年总成本是一个非常大的数字。数据中心的日常运行维护，专业性强、复杂度高，并且要求 $365d \times 7 \times 24h$ 地进行。在自建模式下，要建立一支技术覆盖面广、人数有保障（AB角／三班倒）的运维队伍，独自承担所有人员费用；另外，还需要支付由于自建模式预留资源而增加的额外费用。而在外包模式下，企业无须扩大自身人力规模，减少了因人才聘用或流失而花费的管理、时间及技术风险成本，增加了人力资源配置的灵活性。通过采用按需支付的服务模式，可根据所需的业务说明书（SOW）与服务水平协议（SLA）采购外包服务商的专业服务，服务商的运维团队通常为多个客户提供服务，因此，费用支出成本也更低。

（2）能力方面。

自建与外包模式，由于管理方式的不同，企业最终得到的保障能力是有差异的。

在规划建设方面，数据中心的规划建设过程比较复杂，包括基建工程、各类机电设备选择、机房结构、供电、通信和屿线等各类烦琐的工作，涉及面非常广，其具体的组织和实施有一定的难度，会有大量的分析、报表和方案可供选择，决策者要考虑每一个内容的先进性、冗余性和实用性。数据中心的规划、设计、实施和管理，需要精深的专业技术和完善的方法论支持，否则，将会有很大的风险。通常情况下，企业自建数据中心的规划、建设能力往往不足，行业经验积累不丰富，影响基础设施的质量。一旦数据中心建成，就需要不断地投入、维护、升级和扩容。由于业务发展的不确定性，过多的机房面积规划将造成大量资源闲置，过小的机房场地预留，又难以应对业务快速发展带来的非线性机房资源需求。按照今天 IT 应用的发展速度，要做出正确的规模和资源需求判断有相当的难度。这也是为什么很多大企业，在拥有自己的数据中心后，还要大批量地进行外包租用的原因所在。

在运行维护方面，数据中心作为信息与信息系统应用服务的物理载体，其基础设施运维服务也与普通的物业管理有着本质的区别。数据中心日常监控、经常性的测试、应急措施、人才队伍的组建、规范化的运维管理体系的建立等各方面对专业技术都有着很高的要求。而在外包模式下，将该部分的风险转移给专业的数据中心基础设施建设服务商，是目前更为有效和安全的服务模式，因为专业性以及保障能力是专业外包服务商的核心竞争力。

在服务质量方面，自建模式下，质量保障依靠企业自身的人员素质和管理水平；而外包模式下则需要对外包服务商进行评估，并对其服务质量作经常性的审查，以达到企业要求。由于数据中心运行的特殊性，自建模式下，运营团队的稳定性、技术能力提高以及专业性通常会产生问题，毕竟数据中心并不是自建企业的核心业务；而专业外包服务商则没有上述问题。

在责任机制方面，自建模式下，其责任依靠的是企业内部岗位职责和绩效考核来约束；外包模式下，其责任通过商业合同及法律保障来实现，通常企业与外包服务商签订严格的 SOW 及 SLA，涉及相关的经济赔偿条款和法律责任。在这个机制下，用户对服务商提出严谨要求的同时，服务商往往反过来会推动用户业务连续性计划的执行，起到促进作用。因此外包模式在责任机制上能形成优于自建模式的良性循环机制。

（3）效率方面。

在建设周期上，自建数据中心工程浩大，除涉及用地、基建、电力和通信等范畴之外，还牵涉企业外部资源的配合工作。通常建设一个数据中心会耗费数年时间。专业的数据中心服务商拥有建成的数据中心，客户可以随时入驻；也可在 3～6 个月的时间内，根据特定的需要为其客户定制化数据中心，可快速上线，大大缩短了项目的实施周期。

在扩展能力上，通常信息系统规模会随着企业的发展进行扩展和升级。企业通常面临这样的问题，他们的数据中心是5～10年前建造的，跟现在的IT设备、空间和冗余要求不相匹配。许多数据中心虽然有空间，但是电力容量却受限，或者是不能满足市场或IT的要求。租用专业的数据中心就不会有这样的问题，当租约结束，企业可以选择搬进更新的数据中心，或者让服务商升级现有的基础设施。在外包模式下，企业可获得"随取所需"的服务，其扩展能力和灵活性较自建模式更有保障，可有效避免自建模式下数据中心规划过度或规划不足等问题。

在管理复杂度上，对企业而言，数据中心运维管理的复杂度因采用的模式不同而差异很大。在自建模式下，数据中心的管理涉及整个运行、维护的全过程，事无巨细，工作复杂而繁重，企业在其中需要投入较多的管理精力；而外包模式下，通过一个清晰的服务接口和分工界面，企业只需要关注结果而无须时刻处在过程之中，管理复杂度大大降低。此外，外包比自建模式的管理成本低、效率高，可使企业专注于核心业务的建设和发展。

3.4.2.2　国内外油田数据中心建设模式现状

纵观国内外油田企业数据中心建设情况，国外油田企业数据中心建设起步早，基础设施完善，采用一体化数据管理模式，建立统一服务平台。挪威、俄罗斯、委内瑞拉和巴西等国家已建或正在建设自己的国家级石油勘探开发数据库，挪威国家石油公司、英国国家石油公司、道达尔公司、雪佛龙公司、康菲公司等石油公司也建立起了公司级的数据中心。国内油公司，数据中心建设起步晚，逐渐受到重视，发展趋势表现为统一的数据管理模式、数据中心管理职能不断提升，IT新技术充分利用。中国石油的新疆油田、中国石化的胜利油田率先建成了企业级数据中心。

总结国内外石油企业的数据中心建设模式和成功经验，借鉴与启示是：要有权威的数据管理组织机构，为数据中心建设提供组织保障；建立健全配套管理制度，为数据中心建设提供制度保障；要高度重视数据质量和数据标准的建设，保证数据正常化，为统一数据服务做好数据准备；要建立统一应用平台，实现面向研究岗位、地质单元、专业软件和业务场景等需求的便捷式集成化数据服务。

3.4.3　数据中心的职能

目前，人们对数据中心的理解和认识不尽相同，主要有三种观点：

第一，是网络建设中的机房重地。这里是数据的集散地，也是数据集中存储的地方，是人们利用网络将来自各个数据采集地或数据应用终端的数据最终都集中在这里，从而形成了数据的中心，实质是机房。

第二，是以数据建设为核心的数据中心。这是一个以重视数据、建设数据为目标的建设理念：信息化、数字化建设是一个庞大的体系和巨大的系统工程，以什么为"抓手"建设，经常困扰着大家。由于数据是一个核心与关键问题，所以在很多企业倡导必须以数据为主体来建设数据中心。

第三，是数据的行政管理部门。实施对所辖单位数据的统一存储、管理与监管。为此，将这样一个对数据、信息集中管理的职能部门称之为数据中心，具有一般意义的信息中心的全部管理职能。

不难看出，数据中心在数字化时代，尤其是数字油田建设以来，由于出发点的差异性，造成了数据中心具有多种属性和概念。第一种数据中心，就是对网络数据的集中与管理，承担来自四面八方数据的存储与管理的职能，这种认识在其他领域和油田企业较为普遍。第二种认识是一种数据建设的理念，主要强调对数据实施"采、存、管、用"的建设，认为数据是一种资产和资源、一种生产技术产业，要从源头上做到数据全生命周期的建设与管理；这是一个很好的建设理念，它是数字油田建设的产物，具有一定的代表性。第三种认识是一个具有对数据管理与数据规划职能的管理部门。特别是在国家对外公布数据是"基础性战略资源"以后，油田的数据中心将会成为石油企业最重要的资产与战略资源的核心部门。

从应用角度来看，数据中心存在如下三种职能：

第一，管理的职能。即对这个单位，如油田企业数据的整体负责，包括数据的"采、存、管、用"，其全生命周期的监管与行政管理，特别是对于在平台上对数据的应用服务等。

第二，研究的职能。数据中心的任务不仅仅是对单位数据进行整理和看管，这是最基本的工作职责，是日常事务性管理，而最重要的是能够承担起对数据的研究。一个数据中心，其本身就是一个研究机构，研究数据是什么；研究数据从哪来、到哪去；研究如何为企业数据服务，即数据科学问题。

第三，积极的数据推广者和成果转化实施者。油田数据是油田企业的宝贵财富，是油田企业重要的资产。要实现对这一资产的全面优化，前提是要实现对油田企业各个领域的智能化。

当然，在目前技术条件下的油田企业还无法让所有的设备和装置变成一个智能机器，从而完全代替工作人员的工作。为此，加快数据中心的技术改造与建设，完善数据中心的核心职能，从源头上抓好数据采集、数据传输的效能，在职能范围内提升数据管理的质量，为实现转化数据的应用与成果转化打下坚实基础。

3.4.4　油田数据中心的任务

油田数据中心应该是油田所有数据的管理、加工与服务的中心。这些数据包括：勘探开发生产动态、生产成果、油气储运与销售、企业经营管理等方面的内容。另外，为了加快油田信息化建设步伐，数据中心还要提供完整科学的信息化建设方案和计划。并协调油田和社会各方面力量按照油田信息化建设的统一要求和原则组织实施。其核心业务的主要工作任务大致为：

（1）建立数据管理流程、工作规范、技术标准等体系，保证数据中心任务的顺利完成。

（2）建立油田勘探、开发和经营等领域的生产、管理和科研方面的数据库，并确保其正确、完整、及时地建库和应用。

（3）采取各种数据安全保密措施和技术手段，确保数据在安全保密的条件下方便地应用，并提供方便快速的信息查询检索手段。

（4）对有关数据进行必要加工、整理和分析，为领导决策提供更加直接的依据。

（5）按照用户需求，提供标准的、一体化的数据应用管理及服务平台。服务对象包括各类应用人员、油田应用系统、外部数据服务等。

（6）为油田信息化建设提供规划和方案，并组织油田及社会各方面力量尽早实现数字化油田建设。

3.4.5　油田数据中心面临的挑战

国内数字油田建设以来，以统一的管理模式、管理职能不断提升、新技术充分应用为特征的数据中心建设，取得了很大进展，普遍从集中建设进入集成应用和持续提升阶段。但是，随着系统应用的不断深化和扩展，数据中心建设日益成为制约信息系统价值和效益发挥的瓶颈。

油田企业的数据中心是指依照数据运行规律，建立的数据管理的模型和模式，并在该模式指导下，完善数据管理的组织机构和基础设施建设，强调从源头做到"采、存、管、用"全生命周期的建设与管理。油田数据中心具备两个属性：一是管理机构，负责油田数据建设规划、实施、管理、运维等；二是服务机构，为用户提供数据下载、数据共享、数据应用等服务。但是，随着系统应用的不断深入和扩展，新的数据问题不断出现，成为制约数字化油气藏研究的重要影响因素。存在的主要问题包括：

（1）由于历史原因，这些专业数据库按业务分散管理，存在模型不一致、管理水平参差不齐、信息孤岛等问题，数据治理和数据正常化成为必须解决的首要问题；

（2）油田运营决策支持系统的功能通常涵盖勘探、评价、油气田开发和工程技术等多专业领域，业务范围涉及研究、决策、管理和执行等多个部门、单位，系统建设与推广工作主要依托勘探开发研究院，但勘探开发研究院缺乏相应的管理职能，导致系统推广和数据建设组织模式被动；

（3）远程实时互动以及场景式、图形化的需求导致数据量爆炸式增长，数据管理的难度和压力日益增加；

（4）油气藏经营管理等综合性业务需求和不同系统之间互连、互通、互操作日益广泛，对数据规范性、权威性、完整性、及时性和相容性的要求越来越高，以单一或局部业务为中心的数据分散管理和信息系统开发模式难以适应这些要求，需要开发构建更为有效的油田数据中心管理与运行模式。

数据中心在进行目前数据管理和服务基础上，应逐步建立完善的数据标准体系，主要包括勘探、开发、储运和经营管理在内的数据管理标准体系，使油田所有数据在一开始就按照规范的标准进行收集、整理、进库。建立油田统一的数据交换平台，实现基础数据库与研究项目数据库的数据交换。

数据中心的长期发展目标应该是在不断完善数据服务体系的同时，逐步实现自动化信息管理与服务。把更多的人力资源逐步转移到数据处理与分析的工作中，从各种复杂的数据库中提炼和挖掘真正的信息和知识，提高数据服务的质量。尽量利用先进技术带动数据中心的建设和发展。要求数据中心的工作人员掌握必要的数据管理、服务、分析的工具软件。扩大数据服务的范围，逐步形成强大的数据管理能力，向数据管理（托管）专业化队伍发展。并可以利用剩余的管理服务能力为社会或其他行业提供服务。

3.5　典型油田数据中心建设

油田数据中心建设主要是将油气藏勘探开发及生产运营过程中形成的各类数据集成到统一的数据平台上，实现开放、协同、共享与融合的油气藏数据获取和应用新模式，为数字油气藏研究与决策等经营管理提供数据支持。通过典型油田的数据中心建设，进一步了解数据中心的构架、功能及应用。

3.5.1　数据驱动及其内涵

国内外数字化油田数据中心的建设经历了业务驱动、数据模型驱动等复杂的发展历程，以数据驱动为核心的建设思路正在成为我国油田数据中心建设及应用的主流方向。

（1）数据驱动概念。

长期以来，尤其是在数字油田建设以来，人们一直都在倡导和实施业务驱动下的数字油田建设。业务驱动，实质上是业务主导下的信息化建设方式。以业务为核心开展工作，就是一切工作与活动都是围绕业务进行。例如，油田勘探业务，就是利用地震或非地震技术，探查寻找更多的油气资源。油气开发业务，就是根据已经探明的油气储量和油气藏，采取有效的措施增产上储。油气生产业务，就是实施最好的工艺技术完成最大的油气产量。

随着信息技术的快速发展，特别在数字油田数据建设中，人们发现，数据建设需要以数据模型为核心，才能实现数据的建设与应用。于是，在一段时间内，模型驱动又成为一种动力，实施各种数据模型、业务模型、技术模型等。模型，就是一种固化了的流程方法，可以依照模型不断地复制和批量生产。例如，数据存储管理需要依照数据模型完成；数据应用，也需要各种模型定制。

但是，人们发现以业务驱动和模型驱动都会带来一些严重的弊端，导致数据流、业务流和信息流很难达到一致。为此，经过多年的探索与实践，引入一种新的模式，就是数据驱动。

（2）数据驱动的内涵。

数据驱动，是指在数据应用需求驱使下形成的一种动力，也就是说因数据需要而促使数据服务。而数据服务需要一种高度智能的运行环境与条件，推动数据的良好应用，为油气藏研究与决策提供支持。数据驱动的核心是数据价值与活化。数据价值是数据使用过程中所体现出来的作用与效益。随着数字油田、智能油田的建设，人们对数据价值的认识在不断地提高。

长期以来，数据在油田仅仅是一种"资料"，是必须的，但不一定是重要的，更不是不可或缺的。然而，自实施数字油田和智能油气藏研究以来，数据先后从"资产"，逐步地演化、上升为"资源"；数据从"资料"到"资产"，再到"资源"，发生了质的飞跃，而今已成为油田宝贵的财富。

数据成为"资源"后，犹如油气资源，可以源源不断地被发现、挖掘和开发利用，其价值可想而知。现在人们在地质研究、油气藏决策中已完全离不开数据，没有数据，就没有油气资源。所以，油田已成为用数据串起来的油田。

数据"资源"的本质是油气，就是通过对数据的研究，获得油气信息。数据"资源"的运行是数据需求，油田各种业务管理和科学研究，数据需要和需求不断地在增长。这种增长和需要就会变成一种能量和动力，这就是数据需求的驱动。

数据是有规律的，这个规律形成一种"采、存、管、用"的数据链，构成一种数据运行的生态系统，数据在"采、存、管、用"运行中，除了每一个环节所需的"自身运动"和系统生态，还要符合整体运行规律，从而数据始终处于一种运动状态，这种状态使得数据"活"了起来，这就是数据活化。

所以，数据驱动的关键在于数据的"活化"，让数据"活"起来，数据的价值就会更大。这就是数据驱动的核心动力，也是数据驱动的本质内涵。

（3）数据驱动方式。

油气藏研究是一种日常性的业务工作，人们为了准确地发现地下油气资源和准确地开发油气，需要利用各种技术与方法研究油气藏并据此给出决策。在传统的工作模式中，油气藏研究都是人工研究、集体讨论决定。在信息技术快速发展之后，人们利用计算机、网络等各种新兴技术研究油气藏，这与人工技术方法相比发生了很大的变化，特别是数字油田建设以来，引入数字化技术与方法为油气藏研究提供了更加先进、快捷的方法。

在国外，大型石油勘探和服务公司其以数字化油气藏研究成为主体技术，如斯伦贝谢公司（Schlumberger）推出的 GigaViz 可视化、解释和属性分析系统；英国帕吉特公司（PEGETE）的小型虚拟现实可视化系统、油田可视化辅助决策系统、数字油藏平台、"智景平台"技术等；兰德马克公司（Landmark）的勘探开发一体化决策系统，并建立了数据银行 etroBank。同时，这些公司的油气藏研究与决策管理大多采用项目制模式，以综合能力强的项目团队为依托，借助强大的油气藏数字化系统，对油气藏的勘探开发与经营进行分析研究、管理和决策。

而在国内，数字油田建设以来，对油田进行全面数字化，完成了油田从数字转化为数据，从数据转化为信息的过程。在油田管理方面实现"让数字说话，听数字指挥"。在油气勘探开发中实现了 ERP/MIS 等各种平台建设，在油气藏决策中实现了数字化的井位论证与工艺技术优化等，提高了研究和决策的时效性。

这些过程既是一个信息技术应用的过程，也是数据应用的过程，其技术与方法是在项目数据库和大型一体化专业软件的支持下，建立一套完整的工作体系，从数据组织、数据加工，再到数据应用，然后通过研究生成各种方案，最终开展方案的决策与执行，再采集决策执行结果的数据，进一步进行分析和评价前面的决策。这种往复循环的研究与决策模式，实现了油气藏经营管理的高效与科学化，从而在这种循环往复中，数据始终在运动中、补充中、分析中，这就是一种数据运动与数据驱动的过程。

3.5.2　主数据驱动应用

数据驱动技术的关键是数据价值与活化。在油田数据中心应用中，应用数据驱动的关键点就在于如何将专业库数据盘活，使其从静态数据资产转变成可为油气藏研究与决策提供价值的活化数据资源。

如何实施并实现数据驱动，其中最关键、最重要的就是主数据的优化，以主数据为核心推动数据驱动。

针对专业库数据整合中发现的井名不一致、标准不统一、时效性不高等问题，需要对数据中心的数据源进行治理，建立权威主数据，并搭建面向生产一线数据产生源头的实时动态数据链路。

（1）主数据建设。

主数据又称公共数据，包括油田名、区块名、井号和测线号等核心实体数据，就如同人的身份证，是最基本的信息，也是最核心的数据。主数据库可以逻辑关联油气藏专业数据库中的各类数据，实现统一管控和集成应用。

以长庆油田 RDMS 系统为例，该平台遵循中国石油 EPDM2.0 石油勘探开发数据模型标准，新建了油气田主数据库，包括油田名、区块名、井号和测线号等核心实体数据，通过标准的各实体数据，可以逻辑关联钻、录、测、试、A2等各类勘探开发专业数据，有效解决了专业库分散管理、标准规范不一致等问题，实现了各专业数据的统一管控与集成应用。

主数据的建设过程是：首先，通过详细对比石油勘探开发数据模型 EPDM 和 2002 版数据字典，基于数据链模型结构，建立油气藏实体数据模型，最终建立 RDMS 主数据库；然后，将各专业数据库中的实体数据迁移到主库中，进行数据标准化工作，包括井号的统一、油田区块的统一、坐标的统一等。如钻井数据库、录井数据库、地质综合库中都有井的基本数据，都需确定数据的唯一性、正确性。主数据库的建立也为数据整合平台的建立奠定了基础。

（2）成果数据标准化。

新建生产支撑类、统计报表类、方案设计类、地质图件类和项目文档类五大成果数据库，包含 460 个数据集，对分散在科研人员个人手中的 300 多万份成果进行标准化管理。油气藏成果数据的统计情况见表 3.2。

表 3.2 油气藏成果数据量统计表

分类	数据集，个	字段数，个	数据量，条
生产支撑类	201	1354	3430228
统计报表类	64	391	17058
方案设计类	19	119	278
地质图件类	31	212	9914
项目文档类	145	3470	10829
合计	460	5546	3468307

（3）实时动态数据链路搭建。

针对专业库存在新增数据时效性不高等问题，对现场项目组业务流程开发了生产建设实时报表系统，搭建了从井位下发、钻前、钻井、录井、测井、试油气、投产投注、交井等现场作业全生命周期的实时数据链路，打通了现场作业与室内研究的数据通道。

数据录入采用数据继承、批量更新、文档解析等技术，最大程度减少录入工作量，同时规避了以往多处录入造成的一井多状态、数据不闭合等错误。

针对由外协单位产生的数据源，如岩心物性分析、录井、动态监测等数据，开发了 RDMS 外部数据采集端，规范了数据通道，实现了数据结构化入库管理。

同时，针对水平井和测井数据，集成了水平井远程监控系统和测井传输平台，实现了对大块体数据的实时采集和传输。

3.5.3 长庆油田数据中心架构

借鉴国际与国内油田企业数据中心建设的成功经验，立足长庆油田数据建设与管理现状，面向油气藏研究与决策，突出业务主导，坚持业务流与数据流相统一，强化数据服务功能，体现数据价值化利用，建立完整的"采、存、管、用"数据链路，形成了长庆油田数据中心架构，如图 3.21 所示。

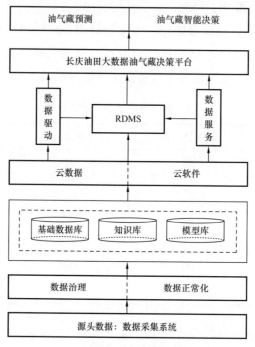

图 3.21　长庆油田油气藏数据中心架构

长庆油田油气藏数据中心架构立足先进的 RDMS 建设理念，从源头数据采集开始，做好数据治理与数据正常化，确保了数据时效性和完整性；面向研究岗位、业务场景和专业软件，研发数据整合、数据导航、数据可视化、云存储等技术，实现了数据与应用无缝对接；RDMS 平台为数据流通中心，数据驱动、数据服务为支柱，支撑油气藏协同研究与决策。

3.5.3.1　数据中心组织机构

目前，长庆油田构建的 RDMS 平台处于国内领先地位，正在逐步完善功能、推广应用。为了将长庆油田数字化建设的技术成果在油田公司得到推广应用，就必须围绕 RDMS 系统平台成立专门的运行机构与机制，从组织机构上保障 RDMS 的运行与推广。由于长庆油田勘探开发研究院管理了油田近 80% 的油气藏研究数据，RDMS 系统的建设与推广工作就主要由勘探开发研究院来承担。考虑到运行成本与效率，以勘探开发研究院为依托，赋予相应的管理职责和权限，成立长庆油田数据中心。数据中心对油田公司负责，承担全油田油气藏研究数据的管理和应用推广，担负面向全油田的数据管理与数据服务的全部职责，其机构设置如图 3.22 所示。

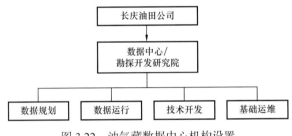

图 3.22　油气藏数据中心机构设置

（1）数据规划：负责数据需求的收集与分析，数据建设中长期规划、年度计划和技术方案编制，是一个关于油田数据研究的核心部门。该部门除了对数据中心建设与发展、数据建设与发展的计划、规划外，还有一个非常重要的职责，就是对数据的科学研究。

（2）数据运行：负责数据治理、正常化建设，监督、管理数据运行过程与数据安全、数据转换，RDMS 系统平台全油田推广应用与服务，是数据中心的核心业务部门，可视为"数据警察"。作为"数据警察"，负责对数据运行过程与数据安全、数据交付使用的监督与管理。

（3）技术开发：负责 RDMS 系统维护、深化应用新技术研究、系统功能开发与测试，数据库管理，是数据中心 IT 技术研发的核心部门。

（4）基础运维：负责机房场地、服务器系统管理、维护和技术支持。

在与相关部门、单位职责的划分方面，数据中心负责 RDMS 平台的功能研发，数据监督、系统运维与推广应用；业务管理部门为 RDMS 平台建设提供应用管理，负责用户权限审批、功能需求来源，是 RDMS 平台的决策层用户；研究与生产单位是 RDMS 平台的主体用户，是系统功能需要的主要来源，数据采集和成果上传的主要承担者；数字化与信息管理部作为信息业务的归口管理部门主要对数据中心提出的数据建设方案规划进行审查。

3.5.3.2 数据中心运行机制

数据中心运行机制，是以 RDMS 平台为中心的运行模式。自上而下分别为数据源管理、数据管理、数据监督和成果数据管理 4 层，如图 3.23 所示。数据监督贯穿数据中心运行始终，RDMS 平台处于数据中心的中间核心地位，左边

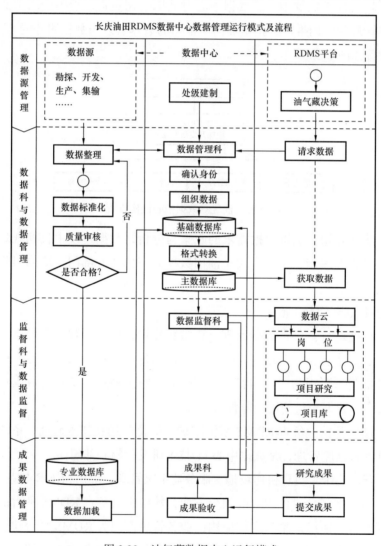

图 3.23   油气藏数据中心运行模式

为数据流转流程，右边为综合研究数据运行流程，体现了数据"采、存、管、用"的基本规律，体现了数据流与业务流的统一。数据流转，就是各个源头数据和成果数据的采集、管理，包括勘探、开发、生产等业务领域的数据采集监管。综合研究，就是业务层面的油气藏研究与决策。横向上，源数据管理，负责对勘探、开发、经营、生产源头数据采集与管理。数据管理，负责对采集数据进行整理、治理与正常化建设。数据服务，负责数据需求分析，数据建设规划制定，新技术研发与推广应用。成果管理：负责管理所有油气藏科学研究的成果数据。

3.5.3.3　数据中心建设管理流程

根据数据中心运行模式及需求，从管理规范层面确立管理流程和管理办法，给出了数据中心运行中 6 个主要方面的管理流程和管理办法。

（1）规划管理。

首先要进行战略规划，包括总体规划和分项建设规划。规划内容包括需求分析、可行性研究、总体规划、分项规划、年度资金预算、进度计划等。规划的合理与否直接关系到数据中心运行的效果好坏。因此，对规划内容需要制订一套管理流程和管理办法，规划管理流程如图 3.24 所示。

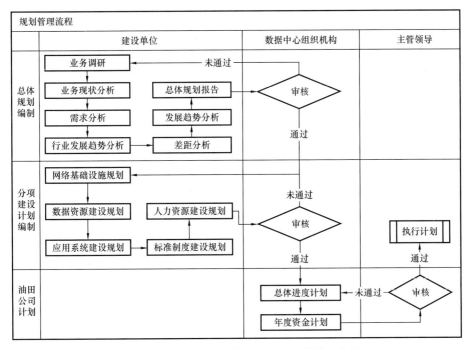

图 3.24　长庆油田油气藏数据中心规划管理流程

①由数据中心管理层（数字化油气藏研究中心）确定数据中心总体规划编制单位。编制单位需要具备数据中心建设经验和相关建设资质，具备相应的技术保障。

②总体规划编制需要进行调研、业务现状分析、需求分析、行业发展趋势分析、与国内兄弟单位的差距分析等，同时进行数据中心发展趋势分析，确定数据中心总体规划方案。

③总体规划方案由数字油田信息化组织机构进行评审，评审通过后形成进度计划和资金计划，报数据中心决策层审批。

④数据中心决策层批准后形成数据中心建设执行计划。

（2）实施管理。

确立数据中心建设项目后，数据中心管理层需要联系建设单位，启动项目，展开实施。数据中心建设项目实施过程管理包括需求调研、方案设计、编码与测试、数据准备、用户培训和上线运行等，其管理流程如图3.25所示。

①项目准备。数据中心组织机构会同建设单位，起草项目启动请示报告，报主管领导批准。

②项目启动。组织召开项目启动会，安排部署实施任务，编制相关管理章程。

③业务调研。项目经理配合建设单位负责人到相关业务部门进行需求调研，形成需求说明书。

④需求分析。项目建设单位根据需求说明书进行需求分析，形成需求分析报告。数据中心组织机构负责需求分析报告的审查。

⑤方案设计。项目经理配合建设单位进行系统方案设计，形成设计报告。报数据中心组织机构审查，由主管领导审批。

⑥系统配置与测试。项目经理配合建设单位项目负责人编制系统配置与测试计划，进行系统集成、功能配置、客户化开发、系统测试。测试报告得到相关用户检验并签字确认后，由数据中心组织机构负责审核、批准。

⑦数据准备与用户培训。项目经理配合建设单位项目负责人进行数据准备和迁移，组织用户对数据迁移结果进行检验并签字确认；进行用户培训与考核，通过后颁发证书，实行持证上岗。

⑧项目上线。项目经理配合建设单位项目负责人共同组织制订系统上线计划，经数据中心组织机构审核并批准后，进行上线准备，实施系统上线。项目经

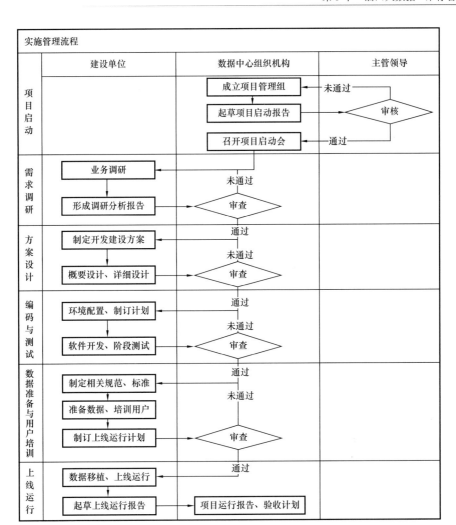

图 3.25　长庆油田油气藏数据中心实施管理流程

理组织编制项目总结报告，做好验收准备。归档资料，上交数据中心组织机构。

（3）验收管理。

数据中心建设项目开发完毕并上线运行后，建设单位需要对出现的问题进行整改。同时，项目经理需要负责项目验收各阶段的准备工作。数据中心建设项目验收管理流程如图 3.26 所示。

① 阶段验收。项目经理组织在项目的各个阶段进行验收，包括业务调研、方案设计、系统配置与测试阶段进行阶段验收。阶段验收内容包括计划完成情况、阶段成果、用户意见等。在各阶段中还涉及对产品供应商、管理咨询服务商和内部支持单位的验收。

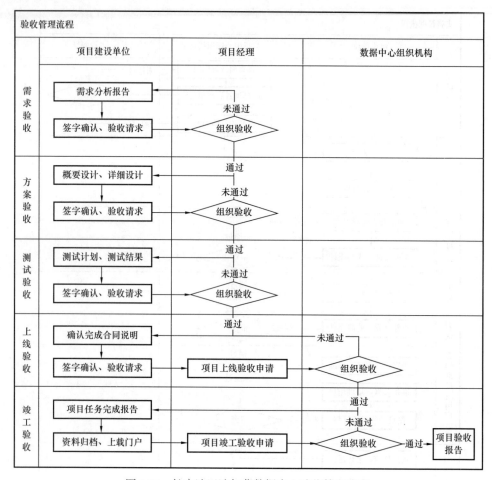

图 3.26　长庆油田油气藏数据中心验收管理流程

② 上线验收。系统试点和推广上线后进行上线验收，由数据中心组织机构组织业务主管部门、项目建设单位及相关专家进行。项目经理负责将项目文档和验收报告送有关部门归档。

③ 竣工验收。完成阶段验收、上线验收、文档汇编和竣工决算审计后，才可进行数据中心项目竣工验收。数据中心组织机构组织完成预验收后，拟定验收会议方案和验收委员会人选。验收委员会听取项目实施和系统运行情况报告，观看系统演示，分组审阅竣工验收文档资料，形成竣工验收意见。数据中心组织机构组织出具验收报告，报主管领导。

（4）运维管理。

数据中心建设项目竣工验收后，后续的工作就是系统的运行和维护。运行维护的内容，包括年度运维计划编制、日常运维、事件处理、系统变更、业绩考核等内容，其管理流程如图 3.27 所示。

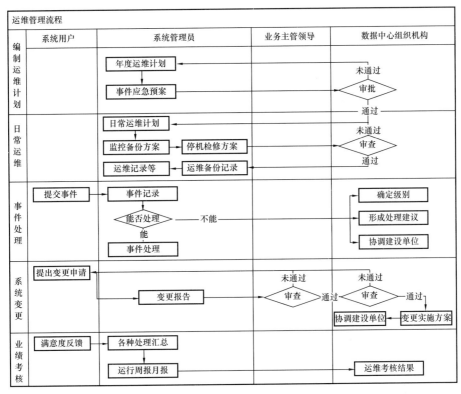

图 3.27　长庆油田油气藏数据中心运维管理流程

① 运行维护组织。数据中心组织机构是系统运行维护的管理部门，负责审定运行维护计划，下达运行维护任务，监督、考核运行维护工作。

② 年度运行维护计划编制。各运行维护队伍负责编制所管理的信息系统年度运行维护计划，每年编制一次。

③ 日常运行维护。坚持"变事后处理为主动预防"的理念，保证系统 7×24h 稳定运行；系统日常维护工作包括数据与应用服务、巡检与监控、备份与恢复、停机检修、技术支持。

④ 事件处理。事件处理分为日常事件处理和突发事件处理两类。日常事件处理包括记录、处理、反馈和报告 4 个环节；突发事件按影响范围和严重程度分为三级，突发事件处理包括编制突发事件处理预案、演练、处理突发事件、事件评估四个环节。

⑤ 系统变更。依据系统运行情况和用户的需求，运行维护队伍编写系统变更申请报告，经数据中心管理部门及相关系统应用部门审批后，实施系统变更并编写总结报告。

⑥ 运行维护业绩考核。包括运行维护队伍自我考核和数据中心管理部门考核，两者加权得出业绩考核结果，报数据中心主管领导。数据中心管理部门根据考核结果，完善下一年度运行维护计划。

（5）系统安全管理。

系统在规划、开发、测试和上线运行等各阶段，都必须重视系统的安全问题。完善的管理制度，是保证系统安全的前提，包括管理组织与职责、基本工作要求、系统安全监控、系统安全风险评估、系统安全培训、检查与考核等内容，系统安全管理流程如图 3.28 所示。

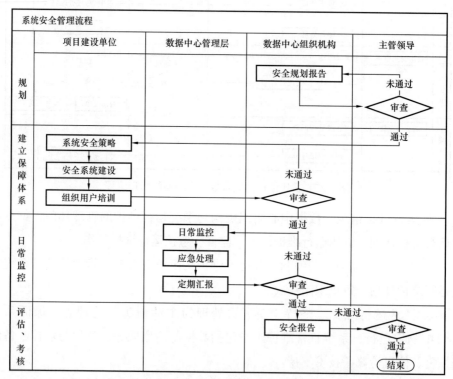

图 3.28　长庆油田油气藏数据中心系统安全管理流程

① 管理组织与职责。数据中心组织机构负责系统的安全管理，数据中心管理部门在数据中心组织机构领导下，承担所负责的系统安全管理任务。

② 基本工作要求。按照"谁主管谁负责"的基本原则，实施系统安全等级

保护，分层次建立以安全组织体系为核心、安全管理体系为保障、安全技术体系为支撑的系统安全体系，保证系统和信息的完整性、真实性、可用性、保密性和可控性。

③ 系统安全监控。数据中心管理部门在数据中心组织机构管理下具体进行规范、合理、有效的系统安全监控。数据中心下属各部门负责制订和实施系统安全监控计划，包括日常监控、应急处理和定期汇报。

④ 系统安全风险评估。数据中心组织机构负责组织建立风险评估规范及实施团队，定期或在重大、特殊事件发生后进行风险评估。风险评估包括范围确定、风险识别、风险分析和控制措施。

⑤ 系统安全培训。数据中心组织机构负责制订系统安全培训计划，组织实施系统安全管理与技术培训。数据中心下属各单位负责相应层次的系统安全培训。

⑥ 检查与考核。数据中心下属各部门自我考核和数据中心组织机构考核，两者加权形成年度考核结果。违反规定造成严重后果的，按公司规定追究相关部门和个人责任。

（6）标准规范管理。

标准化是数据中心正常运行的重要保障。必须建立一套完善的管理体制进行数据中心标准化的监督和执行。标准管理工作包括管理组织与职责、注册与立项、制修订与发布、宣贯与执行、检查与复审等内容，其管理流程如图3.29所示。

① 管理组织与职责。数据中心组织机构是标准化工作统一管理机构，数据中心管理部门负责执行，包括标准的起草和立项等。

② 注册与立项。项目建设单位向数据中心管理部门提出标准申请。数据中心管理部门协调确定编制方案及标准修订项目建议书，报数据中心组织机构立项。

③ 制修订与发布。包括标准起草、征求意见、专家审查、委员表决、批准发布等5个阶段。起草单位依据编制方案编写标准草案，数据中心组织机构组织征求意见、专家审查以及委员表决，表决通过后的标准由数据中心标准化工作主管领导批准发布。

④ 宣贯与执行。数据中心组织机构对标准的宣贯与执行进行统一管理。数据中心管理部门认真组织好标准的宣传贯彻工作。项目建设单位严格执行各项已发布的标准。

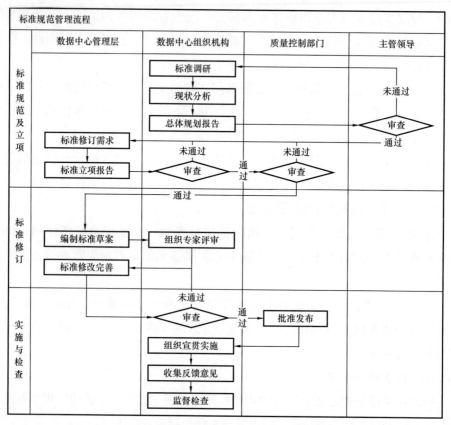

图 3.29 长庆油田油气藏数据中心标准规范管理流程

⑤ 检查与复审。数据中心组织机构负责对标准的执行情况进行检查与复审。在数据中心建设项目阶段验收和最终验收中，包括对标准遵循情况的审查。

3.5.4 数据中心关键技术

为建设油气藏数据中心，结合长庆油田的建设实际，自主研发了以下关键技术：

（1）一体化数据模型。

数据模型是指数据的表示方法和组织方法，即如何获取和存放数据的方法与途径，通常包括数据标准及操作规范，而操作规范是对数据的存取和更新进行流程化、规范化。

在建设油气藏数据中心过程中，以中国石油 EPDM1.0 数据模型为基础，紧密结合油田勘探开发业务需求，借鉴 POSC 国际石油行业标准建模理念，采用面向对象的设计方法，根据业务需求，对数据结构、数据操作、数据约束进行了明确定义，保证了数据的唯一性、完整性和共享性，设计并建立了油气藏数据模型（CQRDM1.0）。在系统开发中，对自行研发的应用软件，执行统一的数据标准，按一体化数据模型进行数据库设计；对引进的应用软件产品，通过调整和修改其数据结构，使之符合一体化的数据模型和数据标准，从而建立由数据中心支持的系列核心业务应用系统，从根本上解决了"信息孤岛"的出现。

CQRDM1.0 作为一个勘探开发综合数据模型，在业务范围上覆盖了油气藏勘探开发整个生命周期中各阶段涉及的研究与决策活动、对象及特性，建立了完整的业务流程和数据流程体系，保障了数据来源的可靠性、及时性和稳定性，实现了勘探开发基础数据、原始归档数据、项目数据、成果数据的集成化管理是油气藏数据集成和多学科协同工作的基础。CQRDM 1.0 为工作人员提供了丰富、快捷、方便的数据应用手段，为跨专业、跨部门的综合研究与决策提供了基础支持，节省了工作人员大量的数据收集、整理的时间，缩短了研究周期，提高了工作效率。

（2）油气藏数据链技术。

受军事数据链思想的启发，在数字化油气藏系统中开发了油气藏数据链技术，即构建服务型数据应用环境，在油气藏业务及数据标准化和规范化的基础上，通过搭建数据和业务之间的逻辑关联，应用数据整合、数据推送、数据导航、软件接口和数据表达等技术，实现了各类动静态数据的快速提取、高效处理与应用。

油气藏数据链包含了完整的油气藏数据采集、存储、管理和应用等链路，在逻辑层次上分为元数据、数据集、链节点和数据链 4 层结构，如图 3.30 所示。该模型体现了数据链技术对油气藏研究与管理中开展综合性、复杂性和关联性应用的深度解析，可以稳定地支撑不同类型的业务，并能够灵活适应业务流程的优化与重建。

元数据是一组用来描述定义、标识、表示和允许值的数据单元，在一定的环境下不可再细分的最小数据单位。元数据用于定义逻辑关联，实现数据项、研究成果到数据集的传递。元数据是可识别和可定义的，每个元数据都有其基本属性，如名称、定义、数据类型、精度、值域等。元数据理论和技术是实现数据标准化以及数据共享、交换和整合的重要基础。

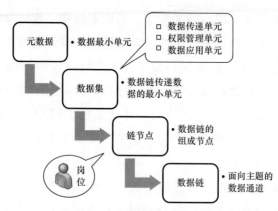

图 3.30　油气藏数据链结构模型

　　数据集是用于将元数据描述的数据打包为数据链可整体传递的数据单元。该数据单元具有独立业务含义，方便业务应用。同时，数据集是数据链中权限控制和加工处理的基础单元，并根据业务需求将数据快速推送到各个研究岗位。

　　链节点是指油气藏数据链的组成节点，对应数据链构建理念中的 BDR（Business，Data，Role，即业务、数据和岗位）节点。通过定义 BDR 节点，能够实现岗位业务与数据的有机结合。链节点管理由"链节点列表""链节点详细信息"和"链节点输入/输出数据集"三部分内容组成。其中，"链节点列表"用来展示链节点名称与描述，"链节点详细信息"包括链节点名称、级别与链节点描述，"链节点输入/输出数据集"主要完成链节点输入/输出数据集的设置。

　　油气藏数据链技术实现了基于岗位或应用场景进行数据组织、研究方法封装及专业软件集成。以开展地层对比研究为例，传统工作方式下研究人员需要收集邻井各类数据，从档案室借阅纸质测井蓝图手工对图，通过标志层约束进行地质分层；在数字化油气藏数据中心工作平台中只需进入系统定制的地层对比岗，通过井位图点选目标井，地层对比数据链就可将井位坐标、邻井分层数据、测井体数据等各类数据打包推送到对应的专业软件，快速绘制出连井测井曲线剖面，专业技术人员通过标志层和测井曲线旋回分析，就可快速完成地层对比，并将新井分层结果一键式归档。

　　（3）数据服务总线技术。

　　数据服务总线技术（Data Service Bus，DSB）将分散的多源、异构和多尺度数据组织起来，集成到统一的数据平台上，使不同领域、不同学科及不同专业的研究人员及工程技术人员可以在同一平台上，在不同时空条件下，一起研究讨论同一难题，从而大大提高工作效率，实现了数据集成和数据即时访问两大应用。DSB 作为一种数据整合技术，主要应用于数据采集、数据交换、数据同步、历史数据迁移和数据质量管理等领域，可以根据用户的业务需求，快速搭建所需的数据服务平台，具有良好的灵活性。

DSB 实现了多源、异构数据的整合，实现了数据在数据库、专业软件和数据中心平台间便捷地访问、查询、搜索、格式转换和迁移等操作，提高了专业软件的集成性和中间数据及成果数据的复用性。DSB 为用户提供了统一完整的数据整合技术，有效降低了数据维护成本，DSB 的功能架构如图 3.31 所示。

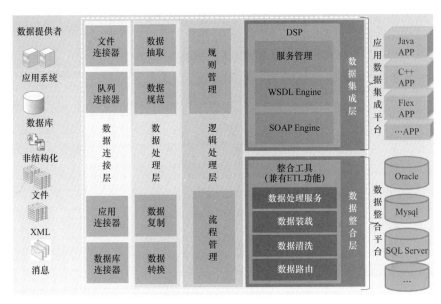

图 3.31 数据服务总线（DSB）功能架构

（4）专业软件接口技术。

针对国内外勘探开发中应用大量的专业软件，其类型多、版本不统一，形成的数据不标准规范，给专业软件的集成应用和数字化油田系统的高效运行带来了诸多不便。为此，需建立数据适配器来提供数据提取、数据处理、数据存储、数据发送、跨平台应用等，实现油气藏数据中心与专业软件间自动读取文件、解析数据、抽取所需数据项等功能，并支持模式分析、公式计算、格式转换、预处理等操作，从而打通专业软件数据收集、整理、加载等各个应用环节。

通过与专业软件厂商合作、基于 SDK 扩展开发及油田各部门第三方产品（OSP）等多种模式，研发了与 GeoMap，GeoFrame 和 Petrel 等国内外勘探开发主流专业软件无缝连接的软件接口技术，提供了开放的授权控制、业务处理及数据通信标准，实现了跨平台、跨语言、跨网段的专业软件整合应用，建立起从"地质—地球物理—油藏"的一体化油藏研究环境。

除上述关键技术之外，油气藏数据中心还集成了地理信息系统技术（Geographic Information System，GIS）、异构数据库数据同步技术、数据库链接技术、触发器技术、分布式数据分发与数据复制技术、海量数据处理技术、海量地震数据压缩技术及网络安全保障等技术，实现了"数据—信息—知识—决策"的增值过程，提高数据应用效率。

第4章 油田大数据分析理论与方法

随着油田数据采集及管理技术的日渐成熟，基于油田经营管理的大数据资源体系正在逐渐搭建完善。此外，随着油田数据的规模快速增长为海量大数据级别，面对全球低油价带来的"提质增效"，迫切需要转变油气田勘探开发经营模式，其关键途径之一就是科学应用油田大数据分析理论与方法，充分挖掘出油田数据中蕴含的"数字黄金"。本章主要聚焦于大数据分析的需求及特征、油田大数据分析理论、油田大数据分析方法等内容的讨论。

4.1 大数据分析概述

大数据分析，通常指的是对规模巨大的数据或资料进行分析、挖掘，从而获取到更有价值信息的过程。目前，大数据分析理论及技术已广泛应用于各行各业中，尤其是复杂系统的研究与决策（如油气勘探与开发），正在从"业务驱动"向"数据驱动"的转变。

4.1.1 大数据分析的由来

数据分析的概念最早在 20 世纪初由 Bill Franks 提出，当时如果要对数据进行深入分析需要提前建立预测模型，然后再完全依靠人工来进行各种计算。而经过一个多世纪的发展，需要进行分析的数据规模越来越庞大，用来进行数据分析的手段及工具也日渐丰富。而大数据通常具有数据量大、速度快、类型多、价值性、真实性等特点，大数据所具有的这些特点使得采用常规的数据分析技术及工具进行大数据的分析处理时存在着以下两个局限性。

（1）处理的数据量级有限。

目前的大数据的数据量大部分都已经从原有的 TB 级向 PB 级、EB 级和 ZB 级进行了跃迁，原来的数据分析技术无法处理这么大量级的数据。

（2）无法实时分析。

大数据的 5V 特性中很重要的一点就是时效性，而传统的数据分析技术通常使用数据抽取、转换、装载（Extract-Transform-Load，ETL）对数据进行抽取再存储到数据仓库中，生成雪花模型等，再通过联机分析处理（On-Line Analytical Processing，OLAP）读取，然后进行分析，无法达到大数据分析对时效性的要求。

由上可见，对大数据而言，传统的数据分析技术显然已经无法满足现阶段的需求。目前，大数据分析技术主要聚焦于发展以下 6 个方面的技术，以实现更加高效、便捷地挖掘蕴藏在海量数据中的数据价值：

（1）可视化分析（Analytic Visualizations）。

不管是海量的大数据分析还是普通数据分析，将数据分析的结果可视化都是不可或缺的需求之一。可视化分析就是能够直观的展示大数据的深层次含义，通过图表、动画等方式让大数据自己说话，让研究和决策人员直观地看到或听到分析的结果。常见的大数据可视化分析界面如图 4.1 所示。

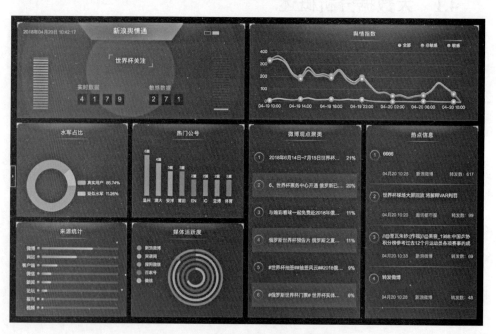

图 4.1　常见的大数据可视化分析界面

（2）数据挖掘算法（Data Mining Algorithms）。

数据挖掘是融合了多学科知识的一个交叉学科，要想实现从数据的海洋中获取关键信息的目的，数据挖掘需要从统计学、模式识别、机器学习、神经网络、高性能计算、可视化、信息检索、知识库系统等众多学科中汲取营养。而这些学科也是从不同的角度来分析和理解数据的。作为多个学科交叉的一个领域，它也被人们称为"数据库中的知识发现""从数据中挖掘知识"等。可视化是给人看的，数据挖掘就是给机器看的。集群、分割、孤立点分析还有其他的数据挖掘算法能够让我们深入数据的内部，挖掘出潜在的价值。这些数据挖掘算法不仅要能够处理大数据级别的数据量，在处理大数据时也能达到时效性的要求。

（3）预测性分析能力（Predictive Analytic Capabilities）。

数据挖掘可以让分析员更好地理解数据，而预测性分析可以让分析员根据可视化分析和数据挖掘的结果做出一些预测性的判断。大数据的预测性分析能力是描述发展规律和趋势的一种重要的预测形式，其已在各个领域得到了良好的应用。例如对国民生产总值（GDP）进行预测，以大致了解未来一年内经济发展的总体特征，从而制定相应的政策；企业对其产品在下一年度的销售量进行预测，根据结果制订原材料的采购计划、生产进度计划，调整库存策略以及合理分配销售任务等。大数据的预测性分析主要包括因果关系分析、时间序列分析两类：

① 因果分析方法是研究当某个或某些因素发生变化时，对其他因素的影响。回归分析是一类重要的因果分析方法，它是从各变量的相互关系出发，通过分析与被预测变量有联系的现象的变动趋势，推算出被预测变量未来状态的一种预测法。回归分析预测法依赖于一个假设，即要预测的变量与其他一个或多个变量之间存在因果关系。

② 时间序列分析是通过分析调查收集的已知历史和现状方面的资料，研究其演变规律，据此预测对象的未来发展趋势。使用时间序列分析法基于一个假设，即事物在过去如何随时间变化，那么在今后也会以同样的方式继续变化下去，主要包括时间序列预测、相似搜索和周期分析。

（4）语义引擎（Semantic Engines）。

我们知道由于非结构化数据的多样性带来了数据分析的新的挑战，因此需要一系列的工具去解析、提取和分析数据。语义引擎需要被设计成能够从"文档"中智能提取信息。

（5）数据质量和数据管理（Data Quality and Master Data Management）。

数据质量和数据管理是一些管理方面的最佳实践。通过标准化的流程和工具对数据进行处理可以保证一个预先定义好的高质量的分析结果。假如大数据真的是下一个重要的技术革新的话，最好把精力关注于大数据能带来的好处，而不仅仅是挑战。

（6）数据存储（Data Storage）。

数据仓库是为了便于多维分析和多角度展示数据按特定模式进行存储所建立起来的关系型数据库。在商业智能系统的设计中，数据仓库的构建是关键，是商业智能系统的基础。数据仓库主要由 DM 数据集市层、DI 维度数据层、DW 数据仓库层、SRC 数据接口层几个部分组成，具体逻辑框架如图 4.2 所示。

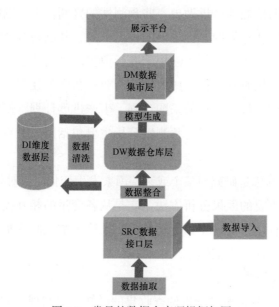

图 4.2　常见的数据仓库逻辑框架图

数据仓库主要承担对业务系统数据整合的任务，为商业智能系统提供数据抽取、转换和加载（Extract–Transform–Load，ETL）等任务，并可以按主题对数据进行查询和访问，为联机大数据分析和大数据挖掘提供数据平台。

4.1.2　大数据分析过程

在大数据时代，数据分析的重要性显得更加突出，但是数据分析是一个相对比较专业的领域。数据分析的目的性很强，数据收集、数据处理和数据建模都要围绕数据分析的目的展开；同时，数据分析对专业知识和技巧要求也比较高，如概率统计、数学建模等。通常情况下，大数据分析的过程包括如下几个方面：

（1）定义问题。

明确数据分析目标是数据分析的出发点。明确数据分析目标就是要明确本次数据分析要研究的主要问题和预期的分析目标等，简单地说就是定义问题。

（2）数据采集。

数据采集是按照确定的数据分析框架，收集相关数据的过程，它为数据分析提供了素材和依据。这里的数据包括一手数据与二手数据：一手数据主要指可直接获取的数据，如地质勘探中的地震曲线数据、钻井过程中的随钻数据等；二手数据主要指经过加工整理后得到的数据，如压裂模型及效果预测的数据、四性关系卡片中的数据等。

（3）数据预处理。

数据预处理是指对采集到的数据进行加工整理，形成适合数据分析的样式，保证数据的一致性和有效性。它是数据分析前必不可少的阶段。

数据预处理的基本目的是从大量的、可能杂乱无章、难以理解的数据中抽取并推导出对解决问题有价值、有意义的数据。数据预处理主要包括数据清洗、数据转化、数据抽取、数据合并和数据消减等处理方法。它能够帮助人们掌握数据的分布特征，是进一步深入分析和建模的基础。

要想处理大数据，首先必须对所需数据源的数据进行抽取和集成，从中提取出数据的实体和关系，经过关联和聚合之后采用统一定义的结构来存储这些数据。在数据集成和提取时，需要对数据进行清洗，保证数据质量及可信性。同时，还要注意数据模式和数据的关系，大数据时代的数据往往是先有数据再有模式，并且模式还是在不断的动态演化之中。

（4）数据分析。

数据分析是整个大数据处理流程的核心，大数据的价值产生于分析过程。数据分析是指用适当的分析方法及工具，对收集来的数据进行分析，提取有价值的信息，形成有效结论的过程。

从异构数据源抽取和集成的数据构成了数据分析的原始数据。根据不同的需求可以从这些数据中选择全部或部分数据进行分析。

传统的数据分析技术，如统计分析、数据挖掘和机器学习等，并不能完全适应大数据时代数据分析的需求，必须做出相应的调整。大数据时代的数据分析技术面临着一些新的挑战，主要有以下几点：

① 数据量大但数据质量不佳。数据量大并不一定意味着数据价值的增加，相反而往往意味着数据噪声的增多。因此，在数据分析之前必须进行数据清洗等预处理工作，但是预处理如此大量的数据，对于计算资源和处理算法来讲都是非常严峻的考验。

② 数据分析算法需要进行调整。首先，大数据应用常常具有实时性的特点，算法的准确率不再是大数据应用的最主要指标。在很多场景中，算法需要在处理的实时性和准确率之间取得一个平衡。其次，分布式并发计算系统是进行大数据处理的有力工具，这就要求很多算法必须做出调整以适应分布式并发的计算框架，算法需要变得具有可扩展性。另外，许多传统的数据挖掘算法都是线性执行的，面对海量的数据很难在合理的时间内获取所需的结果，因此需要重新把这些算法调整为可以并发执行的算法，以便完成对大数据的分析。最后，在选择算法处理大数据时必须谨慎，当数据量增长到一定规模以后，可以从小量数据中挖掘出有效信息的算法并一定适用于大数据。

③ 数据分析结果的衡量标准很难制定。对大数据进行分析虽然比较困难，但是对大数据分析结果好坏的衡量却是大数据时代数据分析面临的更大挑战。大数据时代的数据量大，类型混杂，产生速度快，进行分析的时候往往对整个数据的分布特点难以掌握，从而会导致在设计衡量的方法和指标的时候遇到许多困难。

（5）数据解释和展现。

通过数据分析，隐藏在数据内部的关系和规律就会逐渐浮现出来，那么通过什么方式展现出这些关系和规律，才能让人们一目了然呢？如果分析的结果正确，但是没有采用适当的方法进行解释和展现，则所得到的结果很可能让用户难以理解，极端情况下甚至会引起用户的误解。

数据解释和展现的方法很多，比较传统的解释方式就是以文本形式输出结果或者直接在电脑终端上显示结果。这些方法在面对小数据量时是一种可行的选择。但是，大数据分析结果往往是海量的，同时结果之间的关联关系极其复杂，采用传统的简单解释方法几乎是不可行的。展现大数据分析结果时，通常从以下两个方面提升数据解释能力。

① 引入可视化技术。可视化作为解释大量数据最有效的手段之一，率先被

科学与工程计算领域采用。该方法通过将分析结果以可视化的方式向用户展示，可以使用户更易理解和接受。一图胜千言，多数情况下，人们更愿意接受图形这种数据展现方式，因为它能更加有效、直观地传递出分析师所要表达的观点。一般情况下，能用图说明问题的，就不用表格；能用表格说明问题的，就不用文字。常见的数据图表包括饼图、柱形图、条形图、折线图、散点图和雷达图等，还可以对这些图表进一步整理加工，使之变换为我们所需要的图形，例如金字塔图、矩阵图、瀑布图、漏斗图和帕雷托图等。

② 让用户在一定程度上了解和参与具体的分析过程。既可以采用人机交互技术，利用交互式的数据分析过程来引导用户逐步地进行数据分析，使得用户在得到结果的同时能够更好地理解分析结果的过程，也可以采用数据溯源技术追溯整个数据分析的过程，帮助用户理解结果。

（6）报告撰写。

数据分析报告其实是对整个数据分析过程的一个总结与呈现。通过报告，把数据分析的起因、过程、结果及建议完整地呈现出来，以供决策者参考。

一份好的分析报告，首先需要有一个好的分析框架，并且层次明晰，图文并茂，能够让读者一目了然。结构清晰、主次分明，可以使阅读对象正确理解报告内容；图文并茂，可以令数据更加生动活泼，提高视觉冲击力，有助于读者更形象、直观地看清楚问题和结论，从而产生思考。其次，需要有明确的结论，没有明确结论的分析称不上分析，同时也失去了报告的意义。再次，一定要有建议或解决方案，作为决策者，需要的不仅仅是找出问题，更重要的是建议或解决方案，以便他们在决策时参考。

4.2 大数据预处理架构和方法

不完整、有噪声和不一致是大数据应用中普遍存在的问题。噪声数据是指数据中存在错误或异常的数据；不完整数据是指感兴趣的属性没有赋值；不一致数据则是指数据内涵出现不一致情况（例如，作为关键字的同一部门编码出现不同值）。在大数据应用中，数据预处理的目的是为了保证数据的准确性、完整性、一致性和可解释性，从而提升数据质量，使得数据更符合数据分析的需要，进一步保证数据分析的正确性、有效性和实时性。

4.2.1　大数据预处理架构

大数据预处理的第一步是将数据划分为结构化数据和半结构化／非结构化数据等三类，从技术层面分别采用传统 ETL 工具和分布式并行处理框架来实现。总体架构如图 4.3 所示。

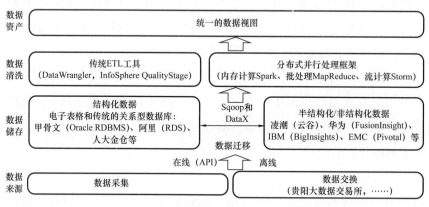

图 4.3　大数据预处理总体架构

（1）数据储存。

结构化数据可以存储在传统的关系型数据库中。关系型数据库在处理事务、及时响应、保证数据的一致性方面具有非常强的优势。非结构化数据可以存储在新型的分布式存储中，如 Hadoop 的 HDFS。半结构化数据可以存储在新型的分布式 NoSQL 数据库中，如 HBase。

结构化数据和非结构化数据之间的数据可以按照数据处理的需求进行迁移。例如，为了进行快速并行处理，需要将传统关系型数据库中的结构化数据导入分布式存储中。可以利用 Sqoop 等工具，先将关系型数据库的表结构导入分布式数据库，然后再向分布式数据库的表中导入结构化数据。

（2）数据清洗。

数据清洗在汇聚多个维度、多个来源和多种结构的数据之后，对数据进行抽取、转换和集成加载。

在以上过程中，除了更正和修复系统中的一些错误数据之外，更多的是对数据进行归并整理，并储存到新的存储介质中。

数据清洗的目的是保证数据的质量。根据数据来源的不同，常见的数据质量问题可以分为单数据源问题和多数据源问题，每类问题又可以进一步划分为定义层和实例层两类问题，如图 4.4 所示。

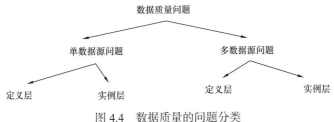

图 4.4　数据质量的问题分类

在单数据源的数据质量问题中，单数据源定义层可能会出现违背字段约束条件（例如日期出现 3 月 12 日）、字段属性依赖冲突（例如两条记录描述同一个勘探井的某一个属性但数值不一致）、违反唯一性（同一个主键 ID 出现了多次）等问题。单数据源实例层可能会出现单个属性值含有过多信息、拼写错误、存在空白值、存在噪声数据、数据重复、数据过时等问题。

在多数据源的数据质量问题中，多数据源定义层可能会出现同一个实体的不同称呼（如 well_id、well_num）、同一种属性的不同定义（例如字段长度定义不一致、字段类型不一致）等问题。多数据源实例层可能会出现数据的维度或粒度不一致（例如，有的按 GB 记录存储量，有的按 TB 记录存储量；有的按照年度统计，有的按照月份统计等），数据重复，拼写错误等问题。

此外，在数据处理过程中产生的"中间数据"，也可能会出现噪声、重复或错误的情况。

数据清洗也会涉及数据格式、测量单位、数据标准化与归一化等相关问题，通常这类问题可以归结为不确定性。不确定性通常包括数据自身存在的不确定性和数据属性值的不确定性。

4.2.2　大数据预处理方法

常用的大数据预处理方法主要包括数据清洗、数据集成、数据转换和数据消减等。数据清洗是指消除数据中存在的噪声及纠正其不一致的错误，数据集成是指将来自多个数据源的数据合并到一起构成一个完整的数据集。数据转换是指将一种格式的数据转换为另一种格式的数据。数据消减（也称为数据归约）是指通过删除冗余特征或聚类消除多余数据。

（1）数据清洗。

数据清洗的处理过程通常包括填补缺失的数据值、平滑有噪声数据、识别或除去异常值以及解决数据不一致问题等。有问题的数据将会误导数据分析及挖掘的搜索过程。

缺失值处理方法通常包括：忽略元组、人工填写、使用默认值替换空缺值、使用属性值的平均值来填充、使用与给定元组同一类的所有样本中心度量值来填充、使用最可能的值来填充等。

噪声处理的方法通常包括：分箱法（通过考察数据的近邻值来光滑有序数据值）、数据回归的方法、聚类分析的方法、人机结合检查的方法等。

识别或除去异常值的方法通常包括：分位数识别、距离识别（如欧氏距离、明氏距离等）、密度识别、拉依达准则、模型拟合（包括贝叶斯识别、决策树识别、线性回归识别等）、变维识别、神经网络识别等。

由于同一属性在不同数据库中的取名不规范，常常使得在进行数据集成时，导致不一致情况的发生，也可能是因为数据录入错误等原因导致数据不一致情况的发生。对于数据不一致问题，通常采用手工方式解决这类问题。

（2）数据集成。

数据集成就是将来自多个数据源的数据合并到一起并形成一个统一的数据集合，以便为数据处理工作的顺利完成提供完整的数据基础。

由于描述同一个概念的属性在不同数据库中有时会取不同的名字，所以在进行数据集成时就常常会引起数据的不一致或冗余。例如，在一个勘探井数据库中，一个勘探井的编码为"well_num"，而在另一个数据库中则为"well_id"。命名的不一致也常常会导致同一属性值的内容不同。例如，在一个数据库中属性"稠油井"的名称取"HeavyOil"，而在另一个数据库中则取"Heavy_oil"。大量的数据冗余不仅会降低数据分析速度，而且也会误导数据分析进程。因此，除了进行数据清洗之外，在数据集成中还需要注意消除数据的冗余。

在数据集成过程中，需要考虑解决如下一些关键问题：

① 模式集成问题。模式集成问题是如何使来自多个数据源的现实世界的实体相互匹配，这涉及实体识别的问题。例如，如何确定一个数据库中的"well_id"与另一个数据库中的"well_num"是否表示同一实体。

数据库与数据仓库通常包含元数据，这些元数据可以帮助避免在模式集成时发生错误。

② 冗余问题。若一个属性可以从其他属性中推演出来，那么这个属性就是冗余属性。冗余问题是数据集成中经常发生的另一个问题。

例如，一个油气井生产数据表中的"平均月产量"属性就是冗余属性，它可以根据"月产量"属性计算出来。

此外，属性命名的不一致也会导致集成后的数据集出现数据冗余问题。利用相关分析可以帮助发现一些数据冗余情况。

例如，给定两个属性 A 和 B，则根据这两个属性的数值可分析出这两个属性间的相互关系。如果两个属性之间的关联值 $r>0$，则说明两个属性之间是正关联，也就是说，若 A 增加，B 也增加。r 值越大，说明属性 A 和 B 的正关联关系越紧密。如果关联值 $r=0$，则说明属性 A 和 B 相互独立，两者之间没有关系。如果 $r<0$，则说明属性 A 和 B 之间是负关联，也就是说，若 A 增加，则 B 减少。r 的绝对值越大，说明属性 A 和 B 的负关联关系越紧密。

③ 数据值冲突检测与消除问题。在现实世界实体中，来自不同数据源的属性值或许不同。产生这种问题的原因可能是表示、比例尺度或编码的差异等。

例如，重量属性在一个系统中采用公制，而在另一个系统中却采用英制；价格属性在不同地点采用不同的货币单位。这些语义的差异为数据集成带来许多问题。

（3）数据转换。

数据转换主要是对数据进行规范化操作，从而构成一个适合数据处理的描述形式。在正式进行数据挖掘之前，尤其是使用基于对象距离的挖掘算法时，如神经网络、最近邻分类等，必须进行数据规范化操作，将其压缩至特定的范围之内，如区间［0，1］内。

数据转换通常包含以下处理内容：

① 平滑处理。帮助去除数据中的噪声，主要技术方法有分箱法、聚类方法和回归方法等。

② 合计处理。对数据进行总结或合计操作。例如，对每天的数据经过合计操作可以获得每月或每年的总额。这一操作常用于构造数据立方体或对数据进行多粒度的分析。

③ 数据泛化处理。用更抽象（更高层次）的概念来取代低层次或数据层的数据对象。例如，街道属性可以泛化到更高层次的概念，如城市、国家，数值型的属性。类似地，如年龄属性，可以映射到更高层次的概念，如青年、中年和老年。

④ 规范化处理。将有关属性数据按比例投射到特定的小范围之中。例如，将"抽油机冲程"属性值映射到［0，1］范围内。

（4）数据消减。

数据消减的主要目的就是从原有巨大数据集中获得一个精简的数据集，并使这一精简数据集保持原有数据集的完整性。这样在精简数据集上进行数据分析就会提高效率，并且能够保证最终结果与使用原有数据集所获得的结果基本相同。

常用的数据消减方法主要包括如下几类：

① 数据聚合。构造数据立方体就是一种典型的数据聚合技术。构造数据立方体常用于数据仓库操作中，以帮助用户进行多抽象层次的数据分析。

② 维数消减。维数消减就是通过相关分析消除多余和无关属性，从而有效消减数据集的规模。维数消减通常采用属性子集选择方法。属性子集选择方法的目标就是寻找出最小的属性子集并确保新数据子集的概率分布尽可能接近原来数据集的概率分布。由于使用了较少的属性，利用筛选后的属性集进行数据分析及挖掘时，能够使得用户更加容易理解数据处理结果。

如果数据集有 d 个属性，那么就会有 2^d 个不同子集。从初始属性集中发现较好的属性子集的过程其实是一个最优搜索的过程。显然，随着属性个数的增加，搜索的难度也会大大增加。所以，一般需要利用启发知识来帮助有效缩小搜索空间。这类启发式搜索方法通常都是基于可能获得全局最优的局部最优来指导并帮助获得相应的属性子集的。常用的最优化搜索方法有决策树归纳方法、逐步添加方法、逐步消减方法和 A* 搜索方法等。

③ 数据压缩。数据压缩是利用数据编码或数据转换将原来的数据集压缩为一个较小规模的数据集。若仅根据压缩后的数据集就可以恢复原来的数据集，那么就认为这一压缩是无损的，否则就称为有损的。

常见的数据压缩方法包括：离散小波转换和主成分分析，这两种数据压缩方法均是有损的。

④ 数据块消减。数据块消减方法主要包括参数与非参数两种基本方法。所谓参数方法就是利用一个模型来帮助获得原来的数据，因此只需要存储模型的参数即可。例如，线性回归模型就可以根据一组变量预测计算另一个变量。非参数方法则是存储利用直方图、聚类或采样而获得的消减后的数据集。例如，采样方法可以利用一小部分数据（子集）来代表一个大的数据集。

⑤ 数值离散化。离散化技术方法可以通过将属性（连续取值）域值范围分为若干区间，来帮助消减一个连续（取值）属性的取值个数。可以用一个标签来表示一个区间内的实际数据值。例如，用"高产井""中产井""低产井"等属性来取代油井产油的具体数值，从而加快对不同产量油井的类别划分。

上述数据预处理方法并不是相互独立的，而是相互关联的。例如，消除数据冗余既可以看成一种数据清洗方法，也可以认为是一种数据消减方法。

4.3 大数据处理技术

对于如何处理大数据，计算机科学界有两大方向：一是集中式计算，即通过不断增加处理器的数量来增强单个计算机的计算能力，从而提高处理数据的速度；二是分布式计算，就是把一组计算机通过网络相互连接组成分散系统，然后将需要处理的大量数据分散成多个部分，交由分散系统内的计算机集群同时计算，最后将这些计算结果合并，得到最终结果。尽管分散系统内的单个计算机的计算能力不强，由于每个计算机只计算一部分数据，而且是多台计算机并行计算，所以分散系统处理数据的速度会远高于单个计算机。目前，以 Google 体系和 Hadoop 体系为代表的分布式计算框架已成为大数据处理技术的主流方向。

4.3.1 Google 大数据处理系统

Google 提出了一整套基于分布式并行集群方式的基础架构技术，该技术利用软件的能力来处理集群中经常发生的结点失效问题。

Google 在搜索引擎上所获得的巨大成功，很大程度上是由于采用了先进的大数据管理和处理技术。Google 使用的大数据平台主要包括 3 个相互独立又紧密结合在一起的系统：Google 文件系统（Google File System，GFS）、分布式计算框架 MapReduce 和大规模分布式数据库 BigTable。

（1）GFS。

GFS 是一个大型的分布式文件系统，为大数据处理系统提供了海量存储，并且与 MapReduce 和 BigTable 等技术结合得十分紧密，处于系统的底层。相对于传统的分布式文件系统，为了达到成本、可靠性和性能的最佳平衡，GFS 从多个方面进行了简化。GFS 使用廉价的商用机器构建分布式文件系统，将容错的任务交由文件系统来完成，利用软件的方法解决系统可靠性问题，这样可以使得存储的成本成倍下降。GFS 的系统架构如图 4.5 所示。

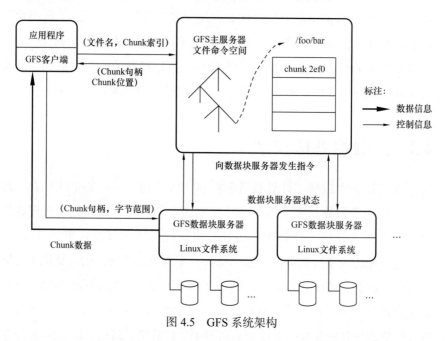

图 4.5　GFS 系统架构

GFS 由一个主服务器（Master Server）和多个数据块服务器（Chunk Server）组成。Master Server 主要负责维护系统中的名字空间，访问控制信息，从文件到块的映射及块的当前位置等元数据，并与 Chunk Server 通信。Chunk Server 负责具体的存储工作。数据以文件的形式存储在 Chunk Server 上。Client 是应用程序访问 GFS 的接口。

Master Server 的所有信息都存储在内存里，启动时信息从 Chunk Server 中获取。这样不但提高了 Master Server 的性能和吞吐量，也有利于 Master Server 宕机后把后备服务器切换成 Master Server。

（2）MapReduce。

MapReduce 是一个用于大规模群组中海量数据处理的分布式编程模型。GFS 解决了海量数据的存储问题，MapReduce 则是为了解决如何从这些海量数据中快速计算并获取期望结果的问题。

MapReduce 实现了 Map 和 Reduce 两个功能。Map 把一个函数应用于集合中的所有成员，然后返回一个基于这个处理的结果集，而 Reduce 是把两个或更多个 Map 通过多个线程、进程或者独立系统进行并行执行处理得到的结果集进行分类和归纳。

用户只需要提供自己的 Map 函数及 Reduce 函数就可以在集群上进行大规模的分布式数据处理。这一编程环境能够使程序设计人员编写大规模的并行应用程序时不用考虑集群的并发性、分布性、可靠性和可扩展性等问题。应用程序编写人员只需要将精力放在应用程序本身，关于集群的处理问题则交由平台来完成。

与传统的分布式程序设计相比，MapReduce 封装了并行处理、容错处理、本地化计算、负载均衡等细节，具有简单而强大的接口。正是由于 MapReduce 具有函数式编程语言和矢量编程语言的共性，使得这种编程模式特别适合于非结构化和结构化的海量数据的搜索、挖掘、分析等应用。

（3）BigTable。

BigTable 是 Google 设计的分布式数据存储系统，是用来处理海量数据的一种非关系型数据库。BigTable 是一个稀疏的、分布式的、持久化存储的多维度排序的映射表。

BigTable 的设计目的是能够可靠地处理 PB 级别的数据，并且能够部署到上千台机器上。BigTable 可满足如下几个基本目标：① 广泛的适用性。满足一系列 Google 产品而并非特定产品的存储要求。② 较强的可扩展性。根据需要随时可以加入或撤销服务器。③ 高可用性。确保几乎所有的情况下系统都可用。④ 简单性。底层系统的简单性既可以减少系统出错的概率，也为上层应用的开发带来了便利。

Google 的分布式计算模型相比于传统的分布式计算模型具有如下优势：① 简化了传统的分布式计算理论，降低了技术实现的难度，可以进行实际的应用。② 可以应用在廉价的计算设备上，只需增加计算设备的数量就可以提升整体的计算能力，应用成本十分低廉。

4.3.2　Hadoop 大数据处理系统

Hadoop 是一个处理、存储和分析海量的分布式、非结构化数据的开源框架。Hadoop 采用 MapReduce 分布式计算框架，根据 GFS 原理开发了分布式文件系统（HDFS），并根据 BigTable 原理开发了 HBase 数据存储系统。Hadoop 和 Google 内部使用的分布式计算系统原理相同，其开源特性使其成为分布式计算系统的事实上的国际标准。

Hadoop 是一个基础框架，允许用简单的编程模型在计算机集群上对大型数据集进行分布式处理。它的设计规模从单一服务器到数千台机器，每个服务器都能提供本地计算和存储功能，框架本身提供的是计算机集群高可用的服务，不依靠硬件来提供高可用性。用户可以在不了解分布式底层细节的情况下，轻松地在 Hadoop 上开发和运行处理海量数据的应用程序。低成本、高可靠、高扩展、高有效和高容错等特性让 Hadoop 成为最流行的大数据分析系统。Hadoop 生态系统如图 4.6 所示：

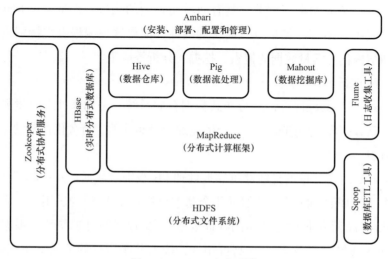

图 4.6　Hadoop 生态系统

Hadoop 生态系统包括以下主要组件：（1）HDFS。提供高可用的获取应用数据的分布式文件系统。（2）MapReduce。一个并行处理大数据集的编程模型。（3）HBase。可扩展的分布式数据库，支持大表的结构化数据存储。是一个建立在 HDFS 之上的、面向列的 NoSQL 数据库，用于快速读 / 写大量数据。（4）Hive。一个建立在 Hadoop 上的数据仓库基础构架。它是一种可以存储、查询和分析存储在 Hadoop 中的大规模数据的机制。Hive 定义了简单的类 SQL 查询语言，称为 HQL，它允许不熟悉 MapReduce 的开发人员也能编写数据查询语句，这些语句被翻译为 Hadoop 上面的 MapReduce 任务。（5）Mahout。可扩展的机器学习和数据挖掘库。它提供的 MapReduce 包含很多实现方法，包括聚类算法、回归测试、统计建模等。（6）Pig。一个支持并行计算的高级的数据流语言和执行框架。它是 MapReduce 编程的复杂性的抽象。Pig 平台包括运行环境和用于分析 Hadoop 数据集的脚本语言（PigLatin）。其编译器将 PigLatin 翻译成

MapReduce 程序序列。（7）Zookeeper。应用于分布式应用的高性能的协调服务。它是一个为分布式应用提供一致性服务的软件，提供的功能包括配置维护、域名服务、分布式同步、组服务等。（8）Ambari。提供了一个可视的仪表盘来查看集群的健康状态，并且能够使用户可视化地查看 MapReduce、Pig 和 Hive 应用来诊断其性能特征。（9）Sqoop。一个连接工具，用于在关系数据库、数据仓库和 Hadoop 之间转移数据。Sqoop 利用数据库技术描述架构，进行数据的导入/导出；利用 MapReduce 实现并行化运行和容错技术。（10）Flume。提供了分布式、可靠、高效的服务，用于收集、汇总大数据，并将单台计算机的大量数据转移到 HDFS。它基于一个简单而灵活的架构，提供了数据流的流。它利用简单的可扩展的数据模型，能够将企业中多台计算机上的数据转移到 Hadoop。

从 Hadoop 体系和 Google 体系各方面的对应关系来看，Hadoop 和 MapReduce 相当于 MapReduce，HDFS 相当于 GFS，HBase 相当于 BigTable。

4.4　油田大数据分析理论

大数据时代的油田企业，积累了从高频钻井数据、生产测量数据到日常的操作日志数据等海量数据。除此之外，还有各种业务的数据，比如财务业绩数据、资本投资数据、石油竞争对手的投标租赁数据等，几乎所有的油田企业都积累了大量的数据信息，以期用它们来提高自身的竞争能力。

对于油田来说，这些数据中蕴含的价值是不可小觑的，企业可以通过大数据分析技术来对这些数据进行分析利用，从而能够帮助油田企业制订正确的油田技术解决方案。通过这些解决方案，油田企业能够超越传统的实时监控，实现更加敏捷的实时预测。目前常用的油田大数据分析框架如图 4.7 所示。

从图 4.7 中可以看出，油田大数据分析一般分 3 个阶段，分别为数据预处理阶段、数据分析阶段和数据的结果展示阶段等。首先，从油田数据层中筛选出可用的数据进行数据预处理，接着对处理后的数据形成标准的分析数据集（Analytic Data Sets，ADS）。然后，调用算法接口来执行大数据分析流程，并将分析结果输出，最后，利用可视化组件来对油田大数据的分析结果进行可视化展示。

油田企业在引进相关的油田大数据分析技术后，能够通过快速地分析所获取的业务数据，并将分析的结果应用于复杂的模型，从而帮助提高油田的钻井以及生产效益。目前油田大数据分析所用的算法主要有数据回归统计、数据关联

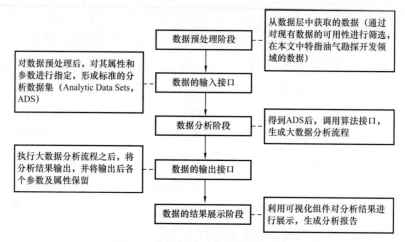

图 4.7　常见的油田大数据分析框架

分析、数据聚类分析、数据演变分析等，接下来将简要介绍这些算法的理论概述。

4.4.1　数据回归统计

事物之间的关系有时可以抽象为变量之间的关系，这种变量之间的关系可以分为两类：一类称为确定性关系，也叫函数关系，其特征是：一个变量随着其他变量的确定而确定。另一类关系称为相关关系，即变量之间的关系很难用一种精确的方法表示出来。回归方法就是处理变量之间的相关关系的一种数学方法。其解决问题的大致方法与步骤如下：

（1）收集一组包含因变量和自变量的数据；

（2）选定因变量和自变量之间的模型，即一个数学式子，利用数据按照一定准则（如最小二乘）计算模型中的系数；

（3）利用统计分析方法对不同的模型进行比较，找出效果最好的模型；

（4）判断得到的模型是否适合于这组数据；

（5）利用模型对因变量做出预测或解释。

回归分析是数据挖掘中最为基础的方法之一，也是应用领域和应用场景最多的方法，只要是量化型问题，一般都先尝试用回归方法来研究或分析。根据回归方法中因变量的个数和回归函数的类型（线性或非线性）可将回归方法分为一元线性、一元非线性、多元线性和多元非线性回归等。另外还有两种特殊的回归方式：一种是在回归过程中可以调整变量数的回归方法称为逐步回归；另一种是以指数结构作为回归模型的回归方法称为 Logistic 回归。

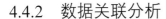

4.4.2　数据关联分析

关联规则挖掘的目标是发现数据项集之间的关联关系或相关关系。1993 年 Agrawal 等首先提出了挖掘顾客交易数据库中项集间的关联规则问题，通过发现交易数据库中不同商品（项）之间的联系，找出顾客购买行为模式，如购买了某一商品对购买其他商品的影响。由于关联规则挖掘方法在零售店广泛使用，所以这种算法通常称为市场购物篮分析算法，在包括工程、医疗保健、证券分析、保险等其他领域也得到了广泛应用。

关联规则的挖掘过程一般分为两个主要步骤：

第一步，所有频繁项集的生成。

Apriori 算法是较早提出的频繁项集挖掘算法，算法的特点是生成候选项集（Candidate Itemset），再由候选项集生成频繁项集，但大量候选项集的生成以及多遍数据库扫描，导致算法效率较低。随之出现不少优化方法，如划分、采样、哈希、事务压缩、动态项集计数等，但候选项集的生成仍是该算法本质上难以克服的瓶颈。

FP–Growth 算法是一个具有更好性能和伸缩性的频繁项集挖掘算法，其特点是不需要生成大量的候选项集。算法将数据库压缩到一棵频繁模式树中，之后的挖掘就在这棵相对于原始数据库要小很多的树上进行，避免了扫描庞大的数据库，比 Apriori 算法有明显的性能提升。

第二步，由频繁项集到关联规则的生成。

由频繁项集生成关联规则的步骤：

（1）对于每个频繁项集 FI，找出 FI 的所有非空子集。

（2）对于 FI 的每个非空子集 SFI：

如果包含项 FI 的交易数与包含项 SFI 的交易数之比≥最小置信度阈值（min_conf），则输出规则"SFI $\Rightarrow$（FI–SFI）"。由于规则是由频繁项集产生，所以每个规则都自动满足最小支持度阈值。

4.4.3　数据聚类分析

聚类分析（Cluster Analysis）简称聚类（Clustering），是把一个数据对象（或观测）划分成子集的过程，每个子集是一个簇（Cluster），簇内的对象彼此具有较高的相似度。相似度是根据描述对象的属性值来度量的。常用的类的度量方法有两种，即距离和相似系数。距离用来度量样品之间的相似性，相似系数用来度量变量之间的相似性。根据聚类原理，可将聚类算法分为以下几种：划分聚类、层次聚类、基于密度的聚类、基于网格的聚类和基于模型的聚类。

而对于油田大数据来说，目前常用的则是基于神经网络的聚类算法。分类聚类常见的神经网络模型包括：BP（Back Propagation）神经网络、RBF 网络、Hopfield 网络、自组织特征映射神经网络、学习矢量化神经网络等。在此只介绍用于目前使用最广泛和常用的 BP 神经网络模型。

标准 BP 神经网络学习算法流程如图 4.8 所示，可以看出 BP 神经网络的工作过程由两个阶段组成。在第一个阶段，神经网络各结点的连接权值固定不变，网络的计算从输入层开始，逐层逐个结点计算每一个结点的输出，计算完毕后，进入第二阶段（即学习阶段）。

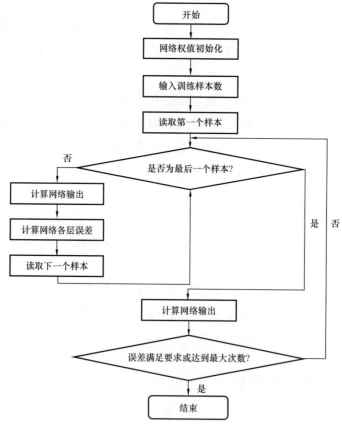

图 4.8　标准 BP 神经网络学习算法流程图

在学习阶段，各结点的输出保持不变，网络学习从输出层开始，反向逐层逐个结点计算各连接权值的修改量，以修改各连接的权值，直到输入层为止。这两个阶段称为正向传播和反向传播过程。在正向传播中，如果在输出层的网络输出与期望输出相差较大，则开始反向传播过程，根据网络输出与所期望输出的信号误差，对网络结点间的各连接权值进行修改，以此来减小网络实际输出与所期望输出的误差。BP 神经网络正是通过这样不断进行的正向传播和反向传播计算过程，最终使得网络输出层的输出值与期望值趋于一致。

4.4.4　数据演变分析

油田数据中很多是随时间变化而变化的规律或趋势，需要应用数据演变分析（Evolution Analysis）方法来描述油气生产中的各种参数，以预测这些参数的未来变化规律。演变分析技术是描述发展规律和趋势的一种重要的预测形式，其已在各个领域得到了良好的应用，如对一个油田企业生产总值（GDP）进行预测，以大致了解未来一年内油田生产发展的总体特征，从而制订相应的开发管理政策；油田企业对其产品在下一年度的生产量进行预测，根据结果制订原材料的采购计划、生产进度计划，调整开发方案以及合理分配生产任务等。

演变分析主要包括因果关系分析、时间序列分析两类：

（1）因果关系分析方法。

该方法是研究当某个或某些因素发生变化时，对其他因素的影响。回归分析是一类重要的因果分析方法，它是从各变量的相互关系出发，通过分析与被预测变量有联系的现象的变动趋势，推算出被预测变量未来状态的一种预测法。回归分析预测法依赖于一个假设，即要预测的变量与其他一个或多个变量之间存在因果关系。

（2）时间序列分析方法。

时间序列就是按照一定的时间间隔排列的一组数据，其时间间隔可以是任意的时间单位，如小时、日、周、月等。这组数据可以表示各种各样的含义，如经济领域中每年的产值、国民收入、商品在市场上的销量、股票数据的变化情况等，这些数据都形成了一个时间序列。人们希望通过对这些时间序列的分析，从中发现和揭示现象的发展变化规律，或从动态的角度描述某一现象和其他现象之间的内在数量关系及其变化规律，从而尽可能多地从中提取出所需要的准确信息，并将这些知识和信息用于预测，以掌握和控制未来行为。

该方法是通过分析调查收集的已知历史和现状方面的资料，研究其演变规律，据此预测对象的未来发展趋势。使用时间序列分析法基于一个假设，即事物在过去如何随时间变化，那么在今后也会以同样的方式继续变化下去，主要包括时间序列预测、相似搜索和周期分析。① 时间序列预测方法是考虑变量随时间发展变化的规律，并用该变量以往的统计资料建立数学模型，从而做出预测。② 相似搜索是通过测量时间序列数据之间的相似度，从历史库中寻找相似的时间序列数据，从而对系统的趋势做出预测。③ 周期分析是对周期模式的挖掘，即在时序数据库中找出重复出现的模式。

4.4.5 最优化问题求解

油气田勘探开发工程设计中的最优化问题（Optimization Problem）一般是选择一组参数（变量），在满足一系列有关的限制条件（约束）下，使设计指标（目标）达到最优值。例如，在油气田开发中应如何设计油气田开发方案，才能使得油气田能够以最小的成本获得最高的经济效益和理想的采收率。为此，最优化问题通常可以表示为以下数学规划形式的问题：

对于一组可用列向量表示的变量

$$
\begin{cases}
X = [x_1, x_2, \cdots, x_n]^{\mathrm{T}} \\
\text{s.t.}\, g_i(X) \leqslant 0 & (i = 1, 2, \cdots, n) \\
h_j(X) = 0 & (j = 1, 2, \cdots, n) \\
\max f(X) \ \text{或}\ \min f(X)
\end{cases}
\tag{4.1}
$$

式中，缩写"s.t."表示"在……约束条件下"。

$\max f(X)$ 和 $\min f(X)$ 是指目标函数取最大值或最小值。X 是 n 维实数空间（记为 R^n）中的一个向量，它由 n 个分量 x_1，x_2，$\cdots$，x_n 组成。它在最优化过程中的变化决定了设计方案的量，即在最优化中需要进行选择的一组数值，称为设计变量向量。从几何意义上讲，每个变量向量就是以各变量分量为坐标轴的变量空间的一个点。当 $n=1$ 时，即只有一个变量分量，这个变量沿直线变化；当 $n=2$ 时，即只有两个变量分量时，这个变量向量的所有点组成一个平面；而当 $n=3$ 时，该变量分量组成立体空间。有三个以上变量分量时，则构成多维空间。设计空间的每一个设计变量向量对应于一个设计点，即对应于一个设计方案。设计空间包含了该项设计的所有可能方案。式中的 $f(X)$ 称为目标函数，

它是设计变量向量的实值连续函数，通常还假定它有二阶连续偏导数。目标函数是比较可供选择的许多设计方案的依据，最优化的目的就是要使它取极值。在变量空间中，目标函数取某常值的所有点组成的面称为等值面，即它是使目标函数取同一常数值的点集：$\{x|f(X)=c\}$。

因此，进行工程优化设计时，应将工程设计问题用上述形式表示成数学问题，再用最优化的方法求解。这项工作就是建立优化设计的数学模型。

最优化问题求解过程中，首先应将实际问题按优化问题的模型格式建立优化数学模型，然后根据实际问题的特点选择合适的优化方法编写相应的计算机程序，最后通过计算机求解获得最优的方案。下面以水驱注采调控优化数学模型建立的过程说明最优化问题求解的方法：

（1）注采调控优化问题描述。

经历一次采油后，水驱开发成为提高采收率的一种重要手段，已在世界范围内得到了广泛应用。对于一个实际注水开发的油藏而言，影响其注水开发效果的因素很多，如油水井井数、井位井型和油水井的注采策略等。水驱注采调控优化问题就是在油水井井数、井位和井型等参数固定的情况下，寻找最优的油水井注采策略，通过延缓注入水的指进，增大注入水的涉及范围，从而达到增加原油的采出量，减少产水量，达到提高采收率和开发效果的目的。

（2）注采调控的性能指标。

在实际应用中，对于水驱注采调控优化问题，因为不同的性能指标会得到不同的最优调控结果，所以需要结合实际情况选取适当的性能指标，如净现值、累计产油量、采收率、累计产水量和含水率等。当以净现值、累计产油量和采收率等为性能指标时，优化时要求使性能指标达到最大值，而当以累计产水量和含水率为性能指标时，则优化时要求使性能指标达到最小值。在实际应用中，通常用净现值（Net Present Value，NPV）来对注水开发油藏的经济效益进行评估。

净现值是指投资方案所产生的现金净流量以资金成本为贴现率折现之后与原始投资额现值的差额。净现值法就是按净现值大小来评价方案优劣的一种方法。净现值大于零则方案可行，且净现值越大，方案越优，投资效益越好。净现值的计算公式为：

$$NPV = \sum_{t=1}^{n} \left[CI(t) - CO(t) \right](1+i_c)^{-t} \tag{4.2}$$

式中：NPV 为净现值；$CI(t)$ 为第 t 年的现金流入量；$CO(t)$ 为第 t 年的现金流出量；n 为计算期，通常以年为单位；i_c 为企业目标收益率，也称为折现率。

净现值的决策原则是：在只有一个备选方案的采纳与否决决策中，净现值为正者则采纳，净现值为负者则不予采纳。在有多个备选方案的互斥选择决策中，应选用净现值是正值中的最大者。当净现值为零时，说明方案的投资报酬刚好达到所要求的投资报酬。所以，净现值的经济实质是投资方案报酬超过基本报酬后的剩余收益。

（3）注采调控的目标函数。

水驱注采优化的主要目的是使油田开发获得最大的利润。简单而言，油田的利润为：原油的价格 × 累计产油量 – 产出水处理成本 × 累计产水量 – 注水成本 × 累计注水量，再考虑到资金的时间价值，第 n 个控制时间步内的目标函数净现值的表达式为：

$$L^n = \frac{\Delta t^n}{(1+d)^n} \left[\sum_{i=1}^{N_p} \left(aQ_{o,i}^n - bQ_{w,i}^n \right) - \sum_{j=1}^{N_l} cQ_{wi,j}^n \right] \tag{4.3}$$

式中：$Q_{o,i}$ 为第 i 口生产井的年产油量，m^3/a；$Q_{w,i}$ 为第 i 口生产井的年产水量，m^3/a；$Q_{wi,j}$ 为第 j 口注水井的年注水量，m^3/a；a 为原油的价格，元 $/m^3$；b 为产出水处理成本，元 $/m^3$；c 为注水成本，元 $/m^3$；d 为折现率；Δt 为时间段，a；N_p 为生产井总数；N_l 为注水井总数。

（4）注采调控的约束条件。

任何油气田的注采调控过程都是在一定的约束条件下进行的，主要包括如下几类约束条件：

① 油气藏渗流微分方程组（必备约束条件）。

② 原油脱气压力（泡点压力）＜生产井井底流压＜油藏合理压力保持水平等。

③ 油藏压力＜注水井压力＜油藏岩石破裂压力等。

④ 单井经济极限产量＜生产井产量＜单井最大产量。

⑤ 单井最小注入量＜注水井注水量＜单井最大注入量。

⑥ 0＜油田总产液量＜油田处理产液能力。

⑦ 油田总注水量 = 常数。

⑧ 总注入量 = 总采液量（注采平衡）。

第①个约束条件是必不可少的，因为其实质是流体在流动过程中要满足物质守恒原理，也正是基于这个约束条件，才能将最优化技术和油藏数据模拟技术有机结合起来用于水驱油藏注采调控优化研究中。第②～第⑤个约束条件为单井约束条件，第⑥～第⑧个约束条件是对区块总的生产指标的结束。第②～第⑧个约束条件是可选约束条件，可以根据实际情况进行选取。

（5）注采调控的数学模型。

综合上述建立的水驱注采调控优化数学模型的各个组成部分，可以得到如下水驱注采调控的数学模型：

$$\max\left[J = \sum_{n=0}^{N-1} L^n\left(x^{n+1}, u^n\right)\right] \qquad \forall n \in \left(0, \cdots, N-1\right) \tag{4.4}$$

式中：J 为整个生产期内的目标函数；x^{n+1} 为 $n+1$ 调控步油藏的状态变量（压力，饱和度）；u^n 为 n 调控步的调控变量（注采井的注采量）；N 为总调控步。

约束条件如下：

① 必不可少的结束条件。

$$g^n\left(x^{n+1}, x^n, u^n\right) = 0 \qquad \forall n \in \left(\in 0, \cdots, N-1\right) \tag{4.5}$$

$$x^0 = x_0 \qquad （初始条件） \tag{4.6}$$

② 可选约束条件。

$$U_{\min} \leqslant u^n \leqslant U_{\max} \qquad \forall n \in \left(\in 0, \cdots, N-1\right) \tag{4.7}$$

$$Q_{1,\min} < \sum_{j=1}^{N_p}\sum_{n=0}^{N-1} Q_{1,j}^n \Delta t^n < Q_{1,\max} \tag{4.8}$$

$$\sum_{j=1}^{N_1}\sum_{n=0}^{N-1} Q_{1,j}^n \Delta t^n = Q_{\text{const}} \tag{4.9}$$

$$\sum_{i=1}^{N_p}\sum_{n=0}^{N-1} Q_{1,j}^n \Delta t^n = \sum_{j=1}^{N_1}\sum_{n=0}^{N-1} Q_{\text{w},j}^n \Delta t^n \tag{4.10}$$

式中：$U_{\min}$ 和 $U_{\max}$ 分别为约束条件的最小值和最大值；$U_{1,\min}$ 和 $U_{1,\max}$ 分别为总产量的最小值和最大值；$Q_{1,j}^n$ 为第 n 个时间步内的产量；$Q_{\text{w},j}^n$ 为第 n 个时间步内的注入量；Q_{const} 为总注入量；Δt^n 为时间间隔。

以上各公式中，式（4.5）和式（4.6）构成了油藏渗流微分方程组；式（4.7）为单井的约束条件；式（4.8）为油田总产液量的约束条件；式（4.9）为油田总注入量的约束条件；式（4.10）为油田的注采平衡约束条件。

因此，水驱注采调控优化问题可以为：在注采调控变量 u^n（油井采液量及水井注入量）满足约束条件式（4.5）至式（4.10）时，求取使目标函数 J 取得最大值的最优控制 $u^*(t)$。

4.4.6　智能优化算法

智能优化算法又称为现代启发式算法，是一种具有全局优化性能、通用性强，且适合于并行处理的算法。这种算法通过模拟某一自然现象或过程建立起来，具有适于高度并行、自组织、自学习与自适应等特征，为解决复杂问题提供了一种新的途径。

目前，常用的智能优化算法主要有遗传算法、模拟退火算法、粒子群算法、蚁群算法、鱼群算法和禁忌搜索算法等。在此主要介绍遗传算法的相关理论。

遗传算法（Genetic Algorithms，GA）是一类借鉴生物界的进化规律（适者生存、优胜劣汰的遗传机制）演化而来的随机化搜索方法。其主要特点是直接对结构对象进行操作，不存在求导和函数连续性的限定；具有内在的隐并行性和更好的全局寻优能力；采用概率化的寻优方法，能自动获取和指导优化的搜索空间，自适应地调整搜索方向，不需要确定的规则。遗传算法的这些性质，已被人们广泛地应用于组合优化、机器学习、信号处理、自适应控制和人工生命等领域。它是现代有关智能计算中的关键技术之一。

遗传算法是一种基于自然选择和基因遗传学原理，借鉴生物进化优胜劣汰的自然选择机理和生物界繁衍进化的基因重组、突变的遗传机制的全局自适应概率搜索算法。

遗传算法是从一组随机产生的初始解（种群）开始，这个种群由经过基因编码的一定数量的个体组成，每个个体实际上是染色体带有特征的实体。染色体作为遗传物质的主要载体，其内部表现（基因型）是某种基因组合，它决定了个体的外部表现。因此，从一开始就需要实现从表现型到基因型的映射，即编码工作。初始种群产生后，按照优胜劣汰的原理，逐代演化产生出越来越好的近似解。在每一代，根据问题域中个体的适应度大小选择个体，并借助于自然遗传学的遗传算子进行组合交叉和变异，产生出代表新的解集的种群。这个过程将导致种群像自然进化一样，后代种群比前代更加适应环境，末代种群中的最优个体经过解码，可以作为问题的近似最优解。

计算开始时，将实际问题的变量进行编码形成染色体，随机产生一定数目的个体，即种群，并计算每个个体的适应度值，然后通过终止条件判断该初始解是否是最优解，若是则停止计算输出解；若不是则通过遗传算子操作产生新的一代种群，再回到计算群体中每个个体的适应度值的部分，然后转到终止条件判断。这一过程循环执行，直到满足优化准则，最终产生问题的最优解。图 4.9 给出了遗传算法的基本过程，其中 gen（gencration）表示代数。

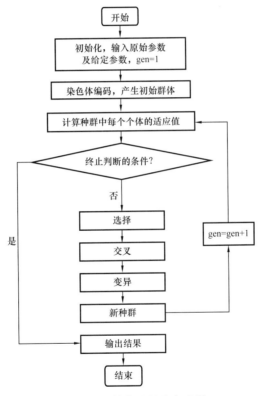

图 4.9　遗传算法的基本过程

4.5　油田大数据分析应用

从上述的研究分析中可以看出，在不久的未来，大数据技术一定能够成为石油行业发展的主要支撑技术。目前，在油田大数据分析中应用较为广泛的有数据回归统计、数据关联分析、数据聚类分析和数据演变分析等算法，通过应用这些大数据分析算法，能够高效、快速地帮助油田企业通过分析相关的业务数据来提高油田的勘探开发效率及效益。本节将以数据回归统计在油气产量预测分析上的实际应用和数据聚类分析在油井压裂选井的实际应用为例，探讨油田大数据分析的具体应用。

4.5.1 油气产量预测实例分析

油气产量是油田开发的重要指标，受到地下油藏条件及井筒结构、采油方式及工作制度等复杂因素的影响，也关系到油田生产经营管理的目标与效益，常常对效益进行动态预测及多因素影响分析。

在油田生产过程中，原油产量是油田生产计划管理的主要目标，对油田原油产量的预测是油田生产计划管理的一项重要研究任务。应用回归分析方法预测油田产量，通常由实际工作经验选择一些与油田产量有关的因素来作为建模变量，通过对多个变量的综合分析，确定影响油田产量的重要因素并建立多元回归预测模型，结合对比油田的实际情况，得到较为满意的预测结果。

首先，从油藏工程和生产实际出发，寻找影响油田产量的因素。例如，油田产量来自油井，油井的开井数量就是很重要的影响因素；一些老油田大都是非自喷井，需要进行注水或蒸汽驱油，因此油的含水率也是主要的影响因素之一；地下原油的储量基本是不变的，因此油田的动用储量也是影响因素，等等。一般情况下，这些参数与未来产量之间是非线性的，并且具有随机性和不确定性，但是可先把它们近似看成是线性关系，然后根据实际进行适当地调整，得出较满意的结果。下面以一个实例来说明。

为预测某油田今后的产量变化，结合实际生产资料，进行深入分析研究，选取了8个影响产量变化的因素：总油井数 x_1、油井开井数 x_2、新增井数 x_3、上年注水量 x_4、上年含水率 x_5、上年采油速率 x_6、上年采出程度 x_7、上年产油量 x_8，本年产油量 y。收集近期27年的基础数据，见表4.1。

选取前22组数据用于确定模型参数，后5组数据作为检验数据，以验证模型的可靠性和实用性。

表 4.1　某油田年产油量影响因素基础数据表

年份序号	总井数口	开井数口	新增井数口	上年注水量 10^4t	上年含水率 %	上年采油速率 %	上年采出程度 %	上年产油量 10^4t	本年产油量 10^4t
1	379	309	136	119.18	35.6	1.87	7.05	126.39	136.75
2	455	403	157	161.83	38.4	1.68	8.49	136.75	139.63
3	569	495	207	184.56	39.4	1.77	9.61	139.63	142.19
4	689	612	311	237.59	41.8	1.45	9.07	142.19	144.28
5	855	720	351	230.5	42.33	1.53	9.54	144.28	141.72
6	1028	874	426	276.59	42.93	1.6	9.49	141.72	146.61
7	1268	1087	472	330.64	46.21	1.55	10.25	146.61	145.45
8	1446	1197	652	398.14	45.8	1.49	9.35	145.45	148.94
9	1705	1417	486	455.1	47.8	1.43	9.08	148.94	155.92
10	1892	1524	458	526.91	49.3	1.31	9.31	155.92	165.23
11	2113	1761	473	602.04	52.15	1.37	10.13	165.23	202.46
12	2372	1903	506	740.62	55.46	1.26	10.88	202.46	217.59
13	2641	2123	705	867.65	59.83	1.18	11.54	217.59	260.64
14	3090	2574	689	987.98	60.87	1.11	12.07	260.64	302.53
15	3603	2826	964	1110.87	63.39	1.11	12.96	302.53	349.31
16	3987	2878	1073	1183.27	63.12	1.2	13.57	349.31	372.58
17	4530	3002	1003	1309.18	64.79	1.2	14.76	372.58	403.76
18	4872	3172	1044	1406.31	67.45	1.07	14.59	403.76	420.05
19	5110	3260	854	1576.06	68.89	1.01	14.88	420.05	439.82
20	5400	3375	686	1676.03	70.12	0.95	15.4	439.82	464.97
21	5524	3497	758	1651.9	71.88	0.88	15.82	464.97	471.25
22	5653	3704	891	1808.34	71.88	0.91	16.46	471.25	520.5
23	6958	5523	1043	1926.73	72.95	0.83	17.22	520.5	611.55
24	8680	7805	1181	1958.05	72.83	0.83	17.74	611.55	715.87
25	9864	8263	1319	2536.5	72.28	0.89	17.71	715.87	810.95
26	11805	9522	1946	3003.2	72.01	0.84	16.98	810.85	905.1
27	12314	11092	2347	3298.7	72.31	0.85	17.2	905.1	962.3

设多元线性回归模型为：

$$y = \beta_0 + \beta_1 x_1 + \beta_2 x_2 + \beta_3 x_3 + \beta_4 x_4 + \beta_5 x_5 + \beta_6 x_6 + \beta_7 x_7 + \beta_8 x_8$$

将表 4.1 中所示的 8 个自变量全部参与回归求得回归参数，从而得到回归模型，即 A 模型，为：

$$y = -62.325 - 0.0683 x_1 + 0.0589 x_2 + 0.0058 x_3 + 0.2076 x_4 -$$
$$1.0603 x_5 + 58.2047 x_6 + 0.5673 x_7 + 0.8103 x_8$$

对 A 模型进行变量筛选，运用 t 检验法检验回归系数的显著性，逐一筛去显著性较差的变量，即在回归效果较差的情况下，根据统计值 t 的大小依次剔除不显著变量，t 值越小，对应因素对于 y 的作用越不显著，此时可以考虑将其剔除，然后用保留的因素再次回归，再次剔除对产量影响不显著的变量，如此重复，直至所有变量都能满足显著性指标 α 的要求。

如取显著性指标 $\alpha=0.05$ 为例，即某因素的 t 值对应 $\alpha < 0.05$ 时，此影响项为不显著，应去除；反之，则应保留。如表 4.2，在第一轮筛选中，"新增井数"的 t 值为 0.2985，其 $\alpha < 0.05$，显著性较差，将其剔除。经过 5 轮筛选，被剔除的变量为：新增井数 x_3、上年采出程度 x_7、上年含水率 x_5 和上年采油速率 x_6，至此得到所有变量的 t 值都满足显著性指标 $\alpha=0.05$ 的要求。

表 4.2　筛选过程中各变量的 t 值表

筛选轮次	t							
	总井数	开井数	新增井数	上年注水量	上年含水率	上年采油速率	上年采出程度	上年产油量
1	4.3342	2.1966	0.2985	3.3864	0.4588	1.9606	0.3327	5.3093
2	4.4760	2.8808		3.9895	0.4500	2.1310	0.1815	5.7410
3	4.6340	2.9934		4.1915	0.4292	2.2722		7.5293
4	4.7382	3.8671		4.3089		3.0159		7.7507
5	3.695	2.6837		2.7807				7.7356

经过 t 值筛选，最后确定影响该油田年产量的重要因素是：总油井数 x_1、油井开井数 x_2、上年注水量 x_4、上年产油量 x_8。采用 t 值筛选后得到的拟合数学模型为模型 B，其形式为：

$$y = -62.325 - 0.0683x_1 + 0.0589x_2 + 0.2076x_4 + 0.8103x_8$$

为了验证模型的预测效果，分别采用两种不同的模型验证后 5 年的油田产量，拟合结果见表 4.3。

表 4.3　两种方案的预测结果对比表

年份序号	实际产量，10^4t	模型 A		模型 B	
		产量，10^4t	误差，%	产量，10^4t	误差，%
23	611.55	595.9330	−2.55	609.4985	−0.33
24	715.87	694.1216	−3.04	706.5756	1.29
25	810.95	849.6635	4.77	857.3013	5.72
26	905.1	965.5964	6.68	922.6589	1.94
27	962.3	1001.4121	4.06	991.2652	3.01
平均			4.22		2.46

从表 4.3 可见，利用多元线性回归预测模型对第 23～第 27 年的产量进行预测，模型 A 的最大误差为第 26 年的产量，误差为 6.68%；最小误差为第 23 年的产量，误差为 −2.55%；5 年的平均误差为 4.22%。而模型 B 的最大预测误差为 5.72%，最小误差仅为 −0.33%，5 年的平均误差为 2.46%。显然，模型 B 的预测结果与实际产量更接近，这说明这种筛选变量的方法是行之有效的，其可以得到较理想的预测效果。当然，该实例也可以用多元非线性回归分析、逐步回归分析等方法来试探解决，可能会得到更满足预测结果。

4.5.2　油井压裂选井的聚类分析

大庆油田在采用水平井体积压裂中取得了较好的效果，但是随着生产的进行，产量也逐渐降低，需要通过重复压裂来提高单井产量。大庆油田致密油储层非均质性较强，各层段物性差异大，各层段初次压裂后产能规律认识不清楚，无法直接评价其重复压裂潜力。应用系统聚类理论，以 X34 区块为例，各参数见表 4.4，运用神经网络技术和模糊聚类分析技术，对区块内各水平井按重复压裂优选级别进行划分，实现了重复压裂改造井段的快速选择。

表 4.4 P6 井各样本参数值

初次压裂段	孔隙度 %	渗透率 mD	簇间距 m	单簇砂量 m³	单簇瓜尔胶液量 m³	剩余可采程度
第 1 段	12.5	0.96	100	40	406.2	0.90
第 2 段	12	1.33	100	65	504	0.90
第 3 段	12	0.3	100	65	493	0.90
第 4 段	11.8	0.4	100	40	401.5	0.90
第 5 段	12.6	1.05	100	40	415	0.90

4.5.2.1 模糊聚类分析法

应用聚类分析方法进行重复压裂选井选层的关键是确定同区块目标候选井段中的理想特征参数。储层物性参数越好，其重复压裂效果越优，因此优选该区块水平井段中物性条件最好，即渗透率与孔隙度最大值为理想特征参数。工程参数优选初次完井程度较低的水平井，即初次压裂缝间距较大、加砂和加液规模较小的水平井段。生产参数优选重复压裂时储层剩余可采程度较大的水平井段，由于无各段具体的产油及产液相关资料，为了横向对比各井的重复压裂潜力，此处各段的剩余可采程度定义为单井目前可采储量与单井原始可采储量的比值，即：各段剩余可采程度 =（单井原始开采储量 – 目前单井累计产量）/ 单井原始可采储量。

以 X34 区块为例，首先统计区块内各样本井段的储层物性参数、工程参数及生产参数，根据以上参数优选原则确定 X34 区块重复压裂理想井段参数为：孔隙度 13.92%，渗透率 5.37mD，簇间距 101m，初次压裂施工单簇加砂量 37m³，单簇加液量 401.5m³，剩余可采程度 0.9207。

通过聚类分析，建立模糊近似矩阵，然后通过对比各样本与理想参数的距离，评价样本的重复压裂潜力。用数值 0～1 来表示理想段与样本之间的相对距离，其值越小，越接近于 0，表示样本与理想参数相似程度越高，越具有重复压裂潜力。

同时，可以根据相对距离大小，做出聚类谱系图。通过聚类分析确定其模糊近似矩阵（表 4.5），其中第 1、第 4 和第 5 段与理想参数距离仅 0.001～0.017，可优选为重复压裂目标井段，根据各段与理想段距离作出聚类谱系图，如图 4.10 所示。

表 4.5　P6 井模糊近似矩阵

案例	理想段参数	第 1 段	第 2 段	第 3 段	第 4 段	第 5 段
理想段参数	0.000	0.003	1.000	0.812	0.001	0.017
第一段	0.003	0.000	0.901	0.721	0.000	0.005
第二段	1.000	0.901	0.000	0.009	0.984	0.755
第三段	0.812	0.721	0.009	0.000	0.795	0.592
第四段	0.001	0.000	0.984	0.795	0.000	0.014
第五段	0.017	0.005	0.755	0.592	0.014	0.000

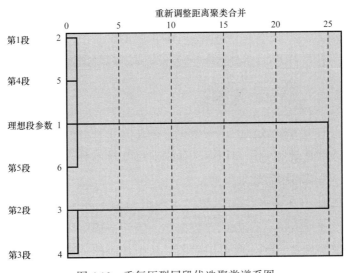

图 4.10　重复压裂层段优选聚类谱系图

采用聚类分析方法对区块内 8 口候选井进行分析，分别确定了各层段与理想参数层段的距离，如图 4.11 所示。其中，P2 井有 2 段与理想参数层段高度相似，P6 井有 3 段与理想参数层段高度相似，P11 井有 1 段与理想参数层段高度相似，综合各井实际情况，优选 P6 为重复压裂目标井，优选第 1、第 4 和第 5 段为重复压裂优先压裂目标层段。

根据以上优选结果，结合具体钻遇及初次压裂情况，进行重复压裂布缝优化设计并进行现场施工。P6 井重复压裂前产液 6.3t/d、产油 3t/d，重复压裂后目前产液 30.4t/d、产油 10.2t/d，取得了较好的增产效果。

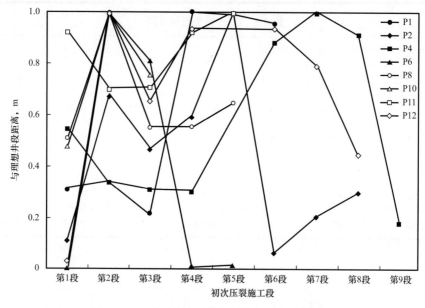

图 4.11　X34 区块水平井各层段与理想参数距离

4.5.2.2　神经网络聚类法

利用大庆油田 X34 区块的压裂数据，采用人工神经网络方法建立了该区的压裂选井及选层系统和专家知识库，分别对已知样本和未知样本进行识别，用于压裂选井、选层和压后效果预测。

由于大庆油田 X34 区块的压裂样本数据参差不齐，有的样本缺孔隙度数据，有的缺饱和度或油层压力系数数据等，因而造成可用的样本数量有限。最后从所有样本中挑选出了一些可用样本，从中选取部分用于本系统的学习和训练，建立了大庆油田 X34 区块的压裂效果预测专家知识库。运用该模型对该区压裂效果建模样本的预测结果如图 4.12 所示。由图中结果可以看出，预测的日差值与实际日差值较大，相关系数 $r=0.945$。说明用本系统对该地区的判断存在误差。

未知样本判别精度的影响因素有：

（1）用于系统建模的数据的可靠性。如果在建模过程中向系统输入了不准确的数据或准确性很差的离群数据，将对系统产生错误导向，系统模型不可靠从而产生不准确的预测。

（2）用于系统建模样本的代表性和完备性。用于建模的样本在该地区应具有代表性，能够代表该地区的各种压裂类型，样本类型应基本上包容将要预测的样本类型，否则将产生一定误差。

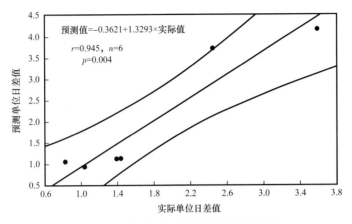

图 4.12　网络模型对样本的压裂效果预测

p—理想距离；n—样本数

（3）用于系统建模的数据属性的完备性。用本系统对相同样本不同参数个数进行了建模实验，结果表明，对样本的参数考虑得越全面，系统对样本的认识速度就越快，判识率就越高。

（4）问题本身的复杂性和难度。分析发现本地区的压裂效果预测有相当的难度，这种难度表现在每个单因素的数据点分布没有明显的规律性。另外，对所有样本在不同属性个数组合形式下计算了它们在 N 维欧氏空间中的欧氏距离，结果发现即使是欧氏距离很近的样本，其压裂效果也相差较大，说明该区的压裂效果预测具有相当的难度。

第5章 油田大数据应用系统

在数字油田及智能油田建设过程中，油田企业根据业务需要开发了多种多样满足油气田勘探开发业务需求的应用平台，形成了以数据驱动经营管理的大数据应用系统，为企业转型发展及提质增效都发挥了显著的作用，也在深刻影响着油田生产经营管理方式的变革。

5.1 油田大数据应用系统简介

随着数字油田尤其是智能油田的建设和发展，各类油田业务的数字化应用系统经历了从最初的简单数据存储，到数据自动计算，再到智能分析和决策的过程，已成为油田全生命周期管理中不可缺少的重要组成部分。

油田大数据应用系统是在计算机软硬件环境支持下，以满足油田勘探、开发、生产和管理等业务为目的，综合运用大数据等现代信息技术，实现对油田数据进行"采、存、管、用"全流程的信息管理系统。

在计算机硬件方面，油田大数据应用系统广泛使用各类服务器、PC 机、云平台、存储阵列等设备，还包括各类信息采集设备、通信设备等，共同构成了应用系统的硬件环境。在系统软件方面，应用系统一般采用主流的操作系统，如 Windows，Linux 和 Unix 等。随着移动终端设备的普及，Android 也成为很多应用系统的运行环境。在应用软件方面，由于系统建设的需求和目标不同，所采用的工程管理、设计理念和技术方法等也不尽相同。

如何规划与建设油田大数据应用系统，是油田企业长期以来面临的最现实的问题。在应用系统建设过程中，大多数企业都是根据软件工程开发的基本理论及模型，以及借鉴成熟产品和成功经验，特别是硬件环境和系统软件的选择相对比较容易；而对于应用软件的建设，则要根据实际业务需求进行科学的设计与逐项开发，其建设难度往往要复杂很多、持续时间相对较长。

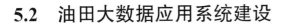

5.2　油田大数据应用系统建设

石油企业从勘探开发到油气生产，始终以数据为中心、以数据为主线，围绕业务需求，开展数据的全流程、全方位应用。随着计算机、物联网、大数据和人工智能等信息技术的飞速发展，为油气勘探、开发和生产过程数据的采集、传输、存储和分析应用提供了有利条件，以"勘探开发一体化、地面地下一体化、生产经营一体化"为代表的"智能化"现代油田开发理念应运而生，各大石油公司均加大信息化了建设投入，建设跨专业一体化的大数据分析决策平台，形成了标准的工作流程，各专业对问题协同会商，快速拿出最优解决方案，指导和控制现场生产。数字油田和智能油田的不断完善，大大减轻了一线工程人员的劳动强度、工作量和油田管控风险。下面通过中国石油天然气集团有限公司（简称中国石油）的"A 系统"及长庆油田的 RDMS 系统的建设及应用进展，简要介绍我国油田大数据应用系统的内涵。

5.2.1　中国石油"A 系统"

中国石油天然气集团有限公司的"A 系统"包括 A1—A12 等系统，是中国石油依据业务分类对所有数据业务开展统一建设项目的序号，或称为子系统。各个子系统都体现了集团公司级对油气勘探开发、经营管理、上下游、国内外、新能源及辅助业务。为此，下面仅对油气田勘探开发主业务的大数据应用进展做简要分析。

A1 系统：表示地球科学与钻井系统，该系统面向石油与天然气勘探开发综合研究业务，集信息采集、存储、传输、处理、分析、发布和服务于一体，旨在建立覆盖全油田的规范、统一、安全和高效的现代化勘探开发综合研究和数据管理服务体系，并通过建立勘探开发统一的数据模型和标准，逐步形成规范的工作流程，实现勘探开发一体化，提高业务规划与决策的科学性。A1 系统的主要用户是勘探开发综合研究人员。

A2 系统：表示上游生产信息系统，旨在建立集油井、气井、水井生产管理信息采集、传输、存储、处理、分析、发布、管理和应用于一体，规范、统一、安全、高效的现代生产管理信息系统，以满足各油田公司、勘探与生产公司和中国石油总部的生产运行、过程监控与管理的需求，实现中国石油油井、气井、水井生产信息资源共享。A2 系统的主要用户是公司各级领导和勘探开发生产管理人员。

按照中国石油天然气集团有限公司的主体业务分类，油气勘探开发属于油气产业的上游产业。因此，A1系统也包括上游生产信息系统，是针对石油与天然气勘探开发的生产运行与管理信息，以现场数据为起点，通过建立一套整合、高效的生产动态管理业务流程和信息共享系统，形成一条上下贯通的油气勘探开发生产管理与决策指挥通道，以提高生产决策的及时性和准确性。为此，其用户也包括勘探开发的管理人员。显然，A1和A2系统覆盖了油田科研生产的核心业务，其规模之大、范围之广、技术之复杂，目前在国内外都属首创。

A5系统：表示采油与地面管理系统，是石油企业生产运行管理与决策的支撑系统，目的是建立具有数据采集、传输、处理、存储、发布、分析与应用功能的信息管理系统，形成规范、统一、高效、安全的工程信息管理平台。该项目包含了采油采气工程和地面工程两个业务，其中，采油采气工程包括了规划与方案管理、完井管理、采油生产管理、采气生产管理、注入生产管理、井下作业管理和综合管理7个模块的数据维护和查询应用；地面工程包括了前期管理、建设管理、生产管理、生产辅助管理和综合管理5个模块的数据维护和查询应用。每个模块管理分系统、分层次按权限进行基础数据和生产数据维护、审核、汇总。

A7系统：表示工程技术生产运行管理系统，是建立高效、实用、先进的生产运行管理平台，服务于工程技术业务高端化、人员精干化、资产轻量化、管理专业化、技术优特化和发展市场化的"六化"举措，为打造具有较强国际竞争力的石油工程技术服务公司提供坚实的信息技术支撑；加强管控集团公司、地区公司对工程技术服务重点工程和总体业务，增强各专业分公司的指挥调度和跨专业的协调能力，提高工程技术服务现场的管理水平，规范业务操作流程，提高作业效率，降低生产成本，增强市场竞争力，实现油气田工程技术服务生产运行管理信息化，从而提高整体工程技术业务的管理水平。A7系统业务范围包括：物探、钻井、录井、测井和井下作业五大专业生产运行管理、工程技术管理、现场作业管理工作；五大专业设计、处理解释、分析化验、完井报告等成果资料管理。实施范围包括中国石油工程技术分公司，大庆钻探工程公司、西部钻探工程有限公司、长城钻探工程有限公司、渤海钻探工程有限公司、川庆钻探工程有限公司、东方物探地球物理勘探有限责任公司、中油测井有限公司和海洋工程有限公司8家地区企业及下属国内物探、钻井、测井、录井、井下作业专业相关的工程技术服务单位及基层队。

A12 系统：表示工程技术物联网系统，是建立一套覆盖全公司各专业的物联网系统，实现生产数据自动采集、关键过程连锁控制、工艺流程可视化展示、生产过程实时监测的综合信息平台，达到强化安全管理、突出过程监控、优化管理模式，以实现优化组织结构、提高效益的目标。A12 系统业务范围包括物探、钻井、录井、测井和井下业务等，其建设范围包括工程技术数据的自动采集与传输、数据存储、数据集成应用、数据监测、预警与分析、技术知识库和协同工作等功能的建设，标准与制度建设等。

5.2.2　油气藏研究与决策支持系统

长庆油田经过多年的探索与实践，将军事数据链思想应用到油气藏研究与决策系统的构建中，以规范的业务流程、标准的数据存储、高效的网络通信为基础，应用多源数据整合业务类别、地质图元导航与图面作业、专业软件接口、油气藏可视化等关键技术，构建了高效、有序、实时、共享的数据组织与应用体系——数字化油气藏研究与决策支持系统（Reservoir Decision–making and Management System，RDMS）。该系统是"以精细油气藏描述为核心、多学科协同研究、一体化综合决策"的油气藏研究工作平台，实现油气藏数据体网络化应用，不同领域多学科协同研究，不同层级科研机构异地协同工作，最终实现科研数据的全系统共享，为油气藏综合研究、油气勘探开发生产决策提供高效的技术支持。图 5.1 为数字化油气藏研究与决策支持系统的功能架构图。

长庆油田数字化油气藏研究与决策支持系统是一种完整涵盖勘探开发业务流程的"一体化综合研究、多学科协同决策"的软件支持平台，采用面向服务的体系架构，以 SOA 服务平台（ePlanet）为基础，通过业务、数据和展现 3 个装配器建立"业务服务云"，实现业务流与数据流相统一、业务与数据相互驱动。RDMS 系统从技术架构上分为数据层、数据链层、支撑层和应用层 4 层结构，从功能上包括基础管理、数据服务、协同研究、决策支持和云软件五大平台。数据层和数据链层构成了数据服务平台，支撑层作为基础管理平台，负责应用层协同研究平台、决策支持平台和云软件平台与数据服务平台之间的关联。在 RDMS 系统功能架构中，本层能够向上一层提供透明服务，要实现本层的功能，还需要使用下一层提供的服务。此外，系统还具有比较完善的安全控制功能，负责整个系统的运行安全。下面对各层的功能进行简要说明：

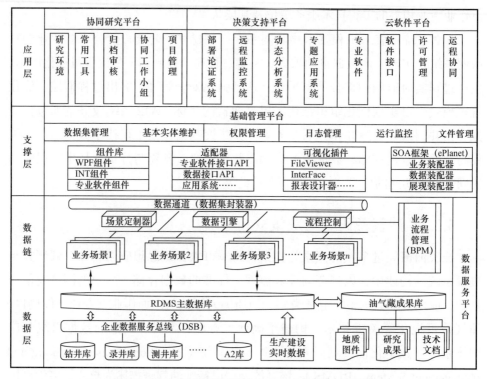

图 5.1　数字化油气藏研究与决策支持系统功能架构

（1）数据层。

数据层是 RDMS 系统运行的基础，实现了多源异构数据的集成。其主要功能是利用传感器、RFID 等设备采集的生产实时数据、地震数据和存储在专业库中的研究成果数据，通过企业数据服务总线（Data Service Bus，DSB）将多源、异构数据进行有效整合和集成，为数据链层提供基础数据服务。

数据层整合了结构化、半结构化及非结构化数据资源，能够实现多数据源连接方式，包括各种数据库连接方法（Oracle，SQL Server，MySQL，Access 等）以及各种文件（Excel，TXT，CSV 等）的读取方法，支持 JDBC 和 JMS 等协议。

（2）数据链层。

在数据层提供的数据服务基础上，按照应用主题将链节点连接为信息流转通道，并赋予相应的约束信息，在数据、成果与业务之间建立逻辑关联，快速提取各类动静态数据，构建面向不同应用的业务场景，屏蔽数据层各数据源的复杂性，为应用层提供可靠的数据透明传输服务，实现业务场景的复用。数据链层具有集成性、主动性、实时性和可追溯性等特点。

数据层和数据链层共同构成数据服务平台，为支撑层及应用层提供无缝的基础数据服务。

（3）支撑层。

基于 SOA 框架与数据链理念，为各应用场景的协同工作提供基础保障。主要功能是负责维护具体应用与数据资源之间数据链的建立、管理和终止，以及处理交换信息的表示方式，包括数据格式变换、专业软件接口和数据可视化等功能。一方面，支撑层将应用层的业务需求利用业务装配器进行封装，下发给数据链层，与业务场景进行匹配；另一方面，将数据链层提交的业务场景进行处理，并将处理结果提交给应用层。此外，支撑层还具有数据集管理、基本实体维护、权限管理、文件管理和日志管理等功能，为应用层提供面向应用的、可靠的服务。

（4）应用层。

应用层直接面向用户，主要解决信息处理和人机对话问题。应用层直接接触用户，为用户提供丰富的数据服务功能，用户能够方便地在应用层上进行操作，获取需要的服务信息，如查询信息、监控信息、控制信息等。

应用层基于云软件平台，为管理者及技术人员提供一体化技术交流及方案决策的协同研究及决策支持环境，形成了井位部署论证系统、水平井随钻实时分析、精细油藏描述、储量管理系统、水平井监控与导向系统、压裂远程监控与实时分析系统以及测井实时传输系统等 16 项应用系统，实现了油气藏勘探与开发、研究与生产、地质与工程以及动态与静态的 4 个一体化，以及跨地域、跨学科和跨部门的协同工作。

RDMS 系统在 4 层结构基础上面向不同客户对象实现五大平台功能：

（1）基础管理平台。面向系统运行维护人员，基于 SOA 框架为各应用场景的协同工作提供基础 IT 服务，包括数据集管理、基本实体维护、权限管理、日志管理等模块。

（2）数据服务平台。采用油气藏数据链整合专业库结构化数据、现场实时数据和研究成果数据，面向研究岗位、地质单元、专业软件和专题应用场景提供数据推送支持服务。

（3）协同研究平台。面向研究人员，针对油气勘探、油藏评价、油气田开发和地球物理等不同业务岗位定制工作场景，为其提供便捷的数据组织、在线分析工具、成果归档审核、协同工作小组和项目研究环境定制等功能，是科研人员日常工作平台。

（4）决策支持平台。面向技术领导及技术专家，为多学科、一体化技术交流及方案决策提供环境，包括井位部署论证、勘探生产管理、油气藏动态分析、水平井地质导向、经济评价以及矿权管理与储量管理等 16 个决策支持子系统。

（5）云软件平台。基于虚拟存储技术将勘探开发主流软件统一部署在云中心服务器，实现专业软件接口统一升级、许可动态调度和集中维护管理。

长庆油田数字化油气藏研究与决策支持系统屏蔽了底层各数据资源的复杂性，使得油气田公司科研及管理人员能够在一个统一的应用平台上开展跨地域、跨学科、跨部门协同工作和资源共享，极大地提高了油气藏研究与决策的效率和质量。

5.3 大数据应用 1——部署论证

部署论证类业务包括井位部署论证、油田产能建设和气田产能建设。本节主要描述数据驱动理念下井位部署论证的使用。

井位部署论证是利用已有钻井、试油试采和分析化验等各类动态与静态资料，结合地震资料，落实目标区构造、储层、油水分布特征和产能，对新井部署可行性进行研究论证。目前国内各油公司井位部署论证业务流程基本相同：技术人员提出意向井位，地质、地球物理、测井和油藏等各专业领域专家综合分析，集中论证部署井合理性。部署论证主要包括两个阶段：一是井位部署阶段，科研人员结合目标区地质认识、地震资料、含油性分析、开发情况以及邻井对比分析、井网分析（开发井）等资料提出意向井位；二是井位论证阶段，以汇报材料的形式，经院级和公司级依次对意向井位进行论证，并最终决策。

当前传统井位部署论证存在以下问题：

（1）井位部署论证涉及资料种类多，收集工作量大。

井位部署论证涉及数据种类繁多，论证会前科研人员需要花费较长的时间在各专业数据库和相关部门进行数据收集，渠道分散、费时费力、效率低下。

（2）井位论证材料中涵盖内容有一定的局限性。

井位论证过程中，需要展示的资料多，纸质图件和资料携带不方便，常常会出现资料带不全，无法及时获取邻井资料进展综合对比研究。同时，在研究

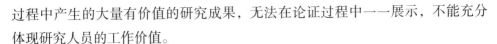

过程中产生的大量有价值的研究成果，无法在论证过程中一一展示，不能充分体现研究人员的工作价值。

（3）资料共享程度低。

管理人员无法及时掌握项目的进展情况，缺少对大量宝贵研究成果的有效保存及管理；论证会期间，决策人员无法随时查看关键静态资料，缺乏决策依据；论证会后，大量的宝贵成果分散保存在少数人员手中，无法做到资料共享，甚至不能为下一阶段的井位部署工作提供支撑。

（4）专题图绘制耗时长，无法支撑实时决策。

由于地层对比、油气藏剖面和栅状图等专题图绘制耗时长，需要科研人员提前准备。针对论证过程中专家提出的新思路和新想法，无法快速绘制图件进行技术支持。

随着数字化技术迅速发展，传统的井位部署论证方式已经严重制约了油田开发的工作效率，因此亟需基于油田现有的网络、硬件和数据库环境，建立数字化方式下的井位部署论证工作方式，通过意向井部署、邻井分析、过井地震测线在线分析、邻井过井剖面快速绘制、辅助生成钻井地质设计及生产动态报表实时生成等应用功能，有效支撑油气勘探、油藏评价和油气田开发等业务领域的井位部署论证及钻后实施效果分析工作，为落实目标区构造、储层、油水分布特征和产能提供依据，供专家实时决策。

在数字化油气藏研究与决策支持系统中，井位部署论证工作包括以下几个步骤：

（1）意向井部署。

传统意向井位部署方式下，研究人员在部署意向井位前，需要对研究区块内的单井逐井收集整理数据，在专业软件中绘制砂体结构图、岩性饼状图和柱状图等图件并手工截取图像后，在 GeoMap 软件中逐井粘贴，重复工作量大，工作效率低下。而井位部署论证系统则通过快速智能成图技术，在线调用测井曲线、解释结论和砂体厚度等数据，在平面地质图件上快速生成砂体结构图和岩性饼状图等，研究人员根据自动生成的地质图件对区块骨架砂体进行分析，实现优选部署区块的目的，进而为提出意向井位提供依据。

针对探评意向井的部署，系统通过视域同步、多图窗体通信和井位联动等技术，实现了在多层系、多类型地质图件上联动布井。如图 5.2 所示，在砂体图上部署一口意向井，部署的意向井可以在油层厚度图、等值线图等多类型、多层系地质图件上同步布井。综合分析各地质图件提供的地质信息，同时结合地理图和遥感卫星影像图，在线查看部署井的地理位置和地貌特征，从而做到井位部署地上与地下兼顾，室内地质研究与室外现场地理地貌综合分析，提高了井位部署的针对性和有效性。

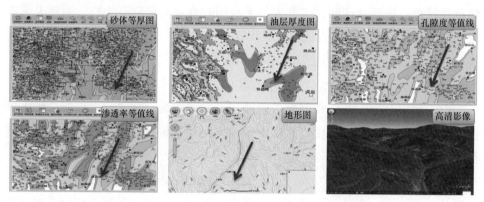

图 5.2　多图件在线联动部署意向井

在区域构造分析的基础上，利用轻重矿物、锆石测年等资料，明确物源方向，划分沉积相类型，刻画砂体展布范围，分析储层高渗因素，综合生烃条件，将地震测线、井位和油藏剖面等元素投影到各类地质底图上进行对比、分析和研究，评选有利勘探目标，提出井位部署建议。包括各类地质底图、图形导航、鼠标操作等。通过地理导航将井位等元素投影到地形图中，选择地质与地面条件均合适的位置，避免井位落在水源保护、森林保护或军事限制等地区，从而加强室内与现场的结合。

针对油气开发井网部署，系统集成直井、水平井和混合井网部署方法，包括直井的菱形反九点法、矩形井网和正方形井网，混合井网的五点法、七点法和九点法等井网部署方法，通过用户设置的参考井、井距、方位角和井网类型等参数及用户选定的布井区域，系统快速计算、实时展现目标区内油水井分布情况，并可导出部署井网坐标，为产能建设井位部署提供支持。

（2）邻井分析。

为进一步分析论证意向井的合理性，井位部署论证系统提供了邻井分析功能，在平面图上以意向井为中心设置一定范围，系统可通过缓冲分析、空间统计等技术，快速统计出该意向井周边指定范围内包括探评井、开发井在内的邻井分布情况，如图 5.3 所示。

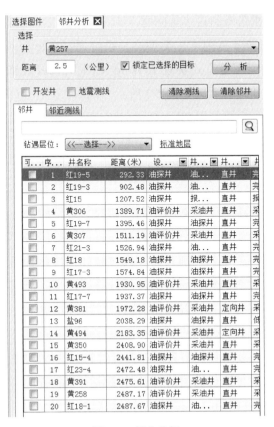

图 5.3　邻井分析

系统应用 DSB（Data Service Bus）数据服务总线技术，实现了多元、异构、分布式数据的抽取、转换和数据适配（EPDM 模型 /WITSML 标准），通过设计数据集成、数据访问、数据迁移和同步更新等多项规则和流程，完成了油田公司 11 个专业数据库、148 张数据表，共 1.4 亿余条专业库数据记录的整合应用，实现数据组织方式从分散到集成、从静态到动态、从查找到推送的根本转变。在此基础上，井位部署论证系统基于地质图件导航技术，实现了单井在任意 GeoMap 地质图件上的快速定位，并可快速获取临近的探井和开发井的地震、钻、录、测、试及分析试验等 9 大类 38 余项单井基础资料及研究成果，实现了单井基础资料的统一管理、集成应用及一体化展示。通过单井关联数据，研究决策人员可以在线实时查看、快速调用邻近井各项基础信息、研究成果及现场钻井、试油（气）实时动态数据，为意向井井位部署论证提供决策依据，实现了单井资料的一体化集成展示，同时解决了研究人员井位论证中出现的资料准备不全面、论证会携带资料过多等问题。

单井关联数据涉及范围广、类型多，系统通过 Fileviewer 文档查看器的开发，以目录树和缩略图等方式实现了 Word 文档、Excel 表格、PPT 和图片等众多格式文件的在线快速查看，如图 5.3 所示。同时，对于 PDF，doc，xls 和 PPT 等通用文档类成果，系统应用 SilverDox SDK 开发包，快速完成格式转换，实现基于 WEB 方式的文档查看，提高文档在线浏览效率。

下面详述几个常用单井关联数据的应用：

① 测井蓝图。

在油田勘探过程中，测井蓝图是勘探研究人员平时研究工作必不可少的资料之一，测井蓝图的使用几乎分布在勘探生产的各个阶段，通过测井蓝图的数据，可以看出井所在位置的古地貌状况和沉积相情况等地质信息。然而，传统的测井蓝图查看方式多为纸质版查阅，不仅查看麻烦，而且在进行井位论证时携带非常不方便。在井位部署论证系统中，通过 Fileviewer 的缩略图查看方式可实现测井蓝图综合图、标准图和固井图等之间的快速切换，如图 5.4 所示。为方便研究人员使用，以测井蓝图为基础，可对蓝图进行旋转、图头锁定后查看；同时，测井蓝图实现了层位和岩心照片等资料的关联查询，极大提高了测井蓝图在科研工作中提供的作用。

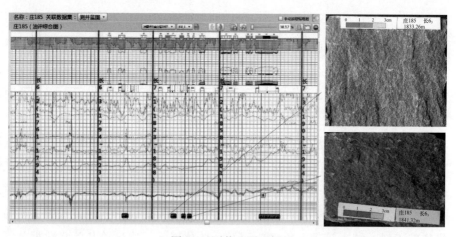

图 5.4　测井蓝图示例

② 四性关系卡片。

四性关系卡片则以 PPT 的形式展示了研究人员对单井部署、钻井、测井、试油等各阶段的研究成果。研究人员将个人完成的研究成果以四性关系卡片进行归档，系统后台自动对 PPT 文件进行逐页拆分，并关联相应层位信息，实现了通过层位定位卡片，同时关联展示相应层位岩心照片、铸体薄片和扫描电镜资料。

③ 单井综合柱状图。

以单井三维岩心扫描图像为基础，整合录井、测井、铸体薄片和扫描电镜等相关数据，以岩心综合柱状图的方式集成展现，直观反映地层的岩石学特征，同时通过调用油气藏研究储层特征工具，自动统计薄片鉴定数据，快速生成岩矿分类三角图，如图 5.5 所示。

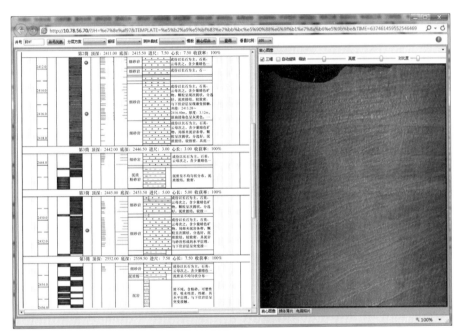

图 5.5　单井柱状图示例

（3）过井地震测线在线分析。

在邻井分析的基础上，系统自动获取意向井周边指定范围内的地震测线，通过平面地质图件导航地震测线，并实时链接地震数据库中的实体 sgy 数据，在线展示叠加、反演及属性等地震剖面，并可将意向井及邻井投影到地震剖面，通过"平剖联动"实现意向井在地质图件与地震剖面之间同步移动，结合地震数据的综合分析，可进一步落实部署井的砂体厚度及含油气性，如图 5.6 所示。

（4）邻井连井剖面快速绘制。

为进一步对邻近井间的气层和储层连通情况进行分析，系统基于 RDMS 数据接口和专业软件接口，在地质图件上选择邻井后，系统通过 Web Services 服务

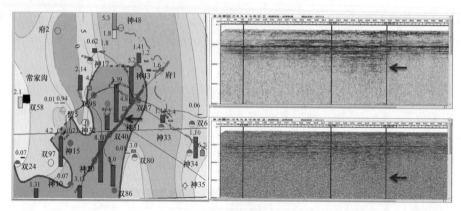

图 5.6　过井地震测线示例

自动推送成图所需的邻井基本信息、分层数据、测井体数据、砂层数据和四性关系体数据，并通过集成相关图形组件，实现一键式数据自动成图，在线快速智能绘制油气藏剖面图、地层/小层对比图、油层对比图、电性插值剖面图及栅状图。邻井连井剖面的快速绘制不仅改变了以往制图时从收集数据、整理数据和加载数据到绘制剖面图的复杂工作方式，实现了实时与在线快速绘制剖面图，大大缓解了研究人员的工作强度，也为井位部署论证和试油方案讨论提供了决策依据。

（5）智能提取意向井基础信息。

在经过论证确定意向井部署位置后，系统融合 ArcGIS 空间分析算法，通过位置识别和信息判读等功能，研究人员可自动获取部署井的行政区划、高程、管护区等基础信息，如图 5.7 所示。

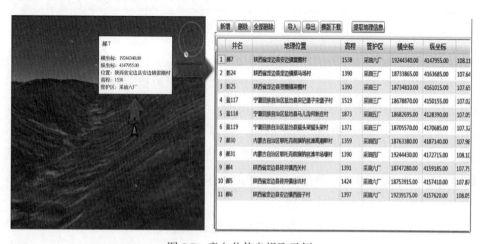

图 5.7　意向井信息提取示例

（6）辅助生成钻井地质设计。

意向井部署确认后，根据研究人员提供的依据井，系统通过快速提取地质工程方案编制相关数据，自动汇总设计依据表和地质数据表，并通过后台快速计算生成意向井钻井地质设计数据表，包括基本数据表、邻井钻探成果表、地质分层数据表、预计油层位置表等，如图 5.8 所示。系统通过地质设计模板为研究人员辅助生成钻井地质设计报告初稿，节约方案编制 60% 以上工作量。

图 5.8　钻井地质设计辅助生成

（7）生产动态报表实时生成。

井位部署下发后正式进入钻、录、测、试等现场实施阶段，为获取现场实时生产数据，系统以单井的全生命周期理念为核心，以项目组的实际工作流程为标准开发生产实时数据链路，制订了投资计划、井位下发、钻前、钻井、录井、测井和试油等作业节点，通过将数据与岗位关联，并采用数据继承、批量更新和文档解析等技术，最大程度减少录入工作量，快速生成项目组、研究部门以及职能管理部门所需的各类报表，实现了生产运行实时跟踪，解决了现场项目组报表制作涉及业务领域多、支撑部门多、报表数量多和重复录入工作量大等问题。

针对实时数据链路开发过程中的数据标准不一致、录入工作量大和生产科研所需报表格式多变等问题，主要采用了数据校验、施工数据模版解析和规范报表自动生成等关键技术，过程如下：

① 结合油田数据规范，在系统数据采集过程中，对录入数据进行规范性校验，若数据不符合数据规范要求，会加以提示并要求修改，为平台数据库数据规范性和准确性提供了保障，如图 5.9 所示。

图 5.9　数据校验界面

② 施工数据模版解析。如图 5.10 所示，采用文档模板解析的方式，将施工单位上交的地质监督资料快速导入数据库，减轻了枯燥乏味的录入工作，避免了由于人工操作所带来的数据错误等隐患。

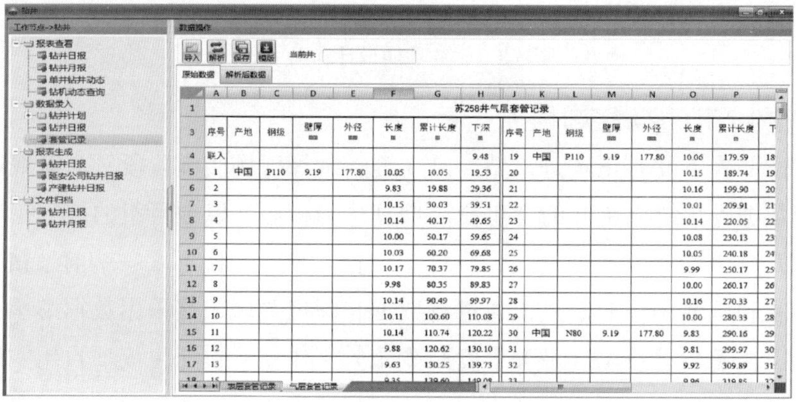

图 5.10　施工数据模版解析操作界面

③ 规范报表自动生成。如图 5.11 所示，通过报表设计器，可以灵活配置报表数据项，支持实际科研生产过程中的各种类型报表，快速适应各种需求变更。

以生产动态数据链路为基础，如图 5.12 所示，系统自动生成单井钻井日报、试油气日报以及各类钻井、试油实施进展统计表，进行生产动态跟踪。生产实时数据链路的建立，实现了钻前、钻井、试油（气）等生产数据的标准化、结构化统一管理，打通了室内研究与室外生产作业的数据通道，为生产、研究与决策实时互动提供数据支撑。

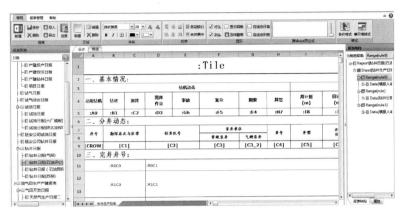

图 5.11 报表设计器操作界面

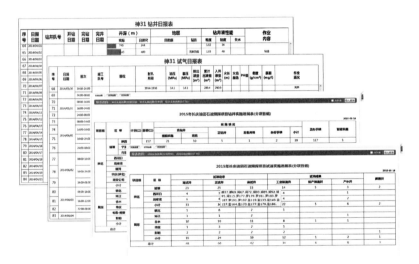

图 5.12 系统自动生成的生产动态实时报表

为了更直观展示生产实时数据，系统生成的各类实施进展表均采用了"活数字"报表技术。通过"活数字"报表不仅解决了各类单井状态统计工作量大的问题，同时"活数字"报表中的"数字"与相应的"井号"可以在线切换，研究人员可以选择查看不同状态井数对应的井号；针对近期完钻、重点井等具有特殊意义的单井，"活数字"报表提供了在线井号标色功能；通过鼠标右键可以实时在线查看单井常用数据资料，包括岩心照片、岩屑录井数据、四性关系卡片和测井图等。此外，"活数字"报表实现了数字、井号与平面地质图件上井位之间的"图标联动"，以可视化方式，直观展示钻井、试油实施进展的空间分布情况，如图 5.13 所示。

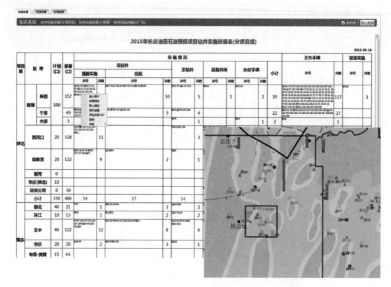

图 5.13　生产报表动态实时生成与图表联动

5.4　大数据应用 2——远程监控

水平井钻井、储层压裂和随钻测井是勘探开发低渗透油气田的关键技术，特别是对致密油气层更具重要作用。随着长庆油田公司大规模开发，因技术人员数量有限，勘探地域辽阔、交通不便等不利因素，使基地难于及时掌握现场施工动态，当现场出现异常情况时，需派专业人员赶赴井场，由于井场与基地间路途遥远，很难及时到达，不但消耗了大量的人力、物力和财力，而且还可能延误处理异常情况的宝贵时间。为此建立了一套贯穿从油田公司数字化前端、中端与后端勘探开发重点工程的"远程监控系统"，包括水平井监控与导向、测井实时传输和压裂监控三大远程监控系统。使地质、测井、油藏、压裂、工艺专家和管理人员能够实时了解井场施工信息，缩短数据传输时间。同时，将现有的专业数据库通过计算机和网络技术与现场施工数据集成，以 WEB 方式提供访问和数据服务，实现勘探开发重点工程异地统一集中监控，为技术专家提供远程决策平台，改变了传统的工作模式，提高了工作效率和管理水平。

5.4.1　测井实时传输

测井数据作为数字化油气藏重要的数据之一，具有信息量大、专业性强、对数据的操作过程复杂等特点，以往单纯依靠数据收集、整理与录入等管理方式给快速应用测井数据造成了很多不便，测井业务流与数据流没有实现统一结合。随着油气田规模建设不断发展，测井数据量快速增长，需要不断通过收集、整理与入库等环节最终用户才能使用数据，因此经常会出现数据时效性、完整性、规范性不能满足科研生产工作需求。

测井实时传输系统利用卫星 4G/5G 等通信技术将现场测井数据实时传输到实时数据库，通过数据迁移到测井数据库，在项目组、测井队、解释中心和应用单位之间搭建数据传输通道。以测井数据流为主线，通过信息化技术，从数据传输、数据管理和数据集成应用三个方面实现了测井业务流与数据流的统一。在加强数据静态管理的同时，加强了数据动态管理，在平台上形成了闭环的动态数据流，使测井业务流得到了有效管理，提高了整个测井业务链的工作效率。实现了井场资料自动采集传输、快速处理分析与综合应用的一体化模式，提高测井资料的采集质量和测井效率，快速准确地识别油气层。测井实时传输的功能归纳如下：

（1）井场信息自动采集与实时传输。

利用测井传感器设备、无线传输网络技术，实现实时数据传输和即时数据传输，根据实际情况（如施工的重要程度）选择合适的传输方式。实时数据传输是通过直接读取仪器实时采集的数据后，在将其转换成标准数据的同时把数据传回数据中心，使数据中心几乎与现场在同一时间内获得详尽的现场数据和信息，实时传输可用于重点井和特殊工艺井数据传输。即时数据传输是指将现场标准化数据自动提取并进行加密、压缩后以文件的形式传回数据中心，测井数据文件在打包传输的过程中，系统自动进行数据的提取、加密和压缩，并保证每次传输的数据都是最新的。

（2）测井过程实时监控。

对在测井的作业进行远程实时监控，实现测井小队现场实时采集数据的实时加密、传输、接收、解编和图形可视化显示，能够为数字化中端（数字化生产指挥中心）、后端（数字化油气藏研究中心）提供数据传输通道，提供测井曲线数据实时滚动显示。数据传输内容包括井场的测井数据、语音和视频信息等，用于提供按日期、井号、井别和项目组等多种查询功能。

（3）测井数据链技术。

利用互联网技术，通过卫星与 4G/5G 通信技术和油田数字专网，建立起贯穿油气井、测井传感器、数据中心、处理系统和应用平台之间的数据链。按照测井业务流程设置岗位，岗位产生数据、数据支持业务，业务、数据、岗位"三位一体"，体现了"工业化流水线"作业方式。通过作业链实时录入和传递生产调度、施工作业中的信息数据，实现了测井数据与作业信息的统一，如图 5.14 所示。

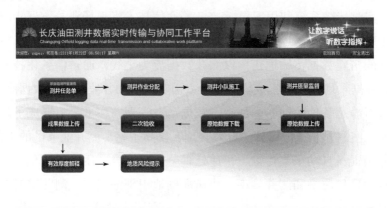

图 5.14　测井实时传输岗位数据录入界面

（4）实时测井数据库系统。

实时数据库作为一种嵌入式数据库系统，具有高性能、小尺寸，零内存分配、紧密储存、易于维护、高效率的特点。平台以井生命周期为主线，根据测井业务及油田应用特点，实现了全息测井实时数据库系统，利用实时数据库强大的数据交换功能来实现测井数据的储存与读取，并且可以很容易实现内存中大量数据的管理，减少程序中内存控制复杂的问题，从而提高的数据交换效率，改善程序的稳定性。全面支撑了测井生产管理和处理解释业务，利用测井数据资源全面支撑油田生产和科研活动。

（5）测井环节质量动态管理。

以油田项目组和测井项目部为基本管理单元，在线获取当前时段测井从预告到解释成果提交的分类测井状态信息，获取测井作业动态信息的全景图。对采集作业、资料验收、处理解释和油田成果应用的全过程质量监控，建立了地质风险快速预警机制，对所有丛式井、水平井和重点探井实现在线质量监督，有效降低了勘探开发风险。

（6）集成专业软件，实现数据快速解释和共享。

通过将测井资料处理与解释集成软件（Lead 软件）的链接，能够提供测井数据的查询、下载和远程绘图等服务，提供基于数据挖掘技术的测井产能预测、测井资料快速解释和应用功能，提供按日期、井号、井别和项目组等多种查询功能，从而实现测井数据快速解释与数据共享。

（7）测井报表自动统计。

系统能够以日报表的方式统计整个油田测井队伍、采集、监督、解释以及特殊测井工作量等情况，如图 5.15 所示。

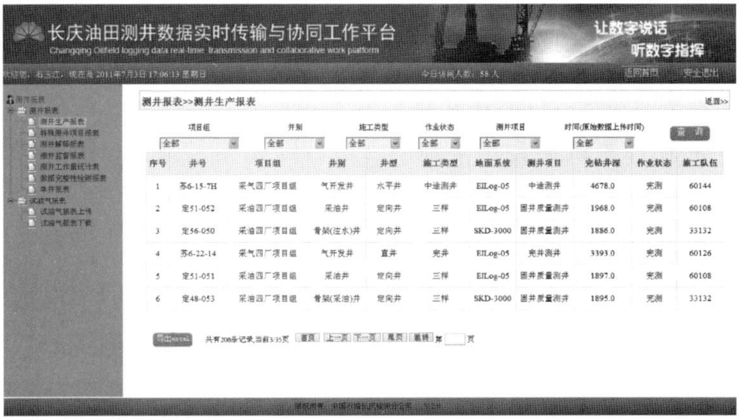

图 5.15　测井日报图

（8）协同工作。

以桌面视频会议方式实现测井人员、监理人员、解释人员和地质人员之间的即时文字、音视频交流，达到信息共享、远程技术支持。

5.4.2　水平井监控与导向

水平井监控与导向是指在地质模型建立的基础上，基于随钻测井技术，结合录井和钻井等工程技术，对井眼轨迹进行检测和控制的技术，它把油藏地质、测井、工程技术及计算机融为一体，保证实际井眼穿过储层并取得最佳位置，从而最大限度提高油气层钻遇率与开发效益。水平井监控与导向系统实现以下主要功能：

（1）随钻数据采集与传输。

水平井随钻数据包括实时综合录井仪、气测录井仪、MWD/LWD 数据；水平井施工静态信息（井基本信息）、非实时数据（深度测井数据、井斜数据、录井定时采集数据）。为了实时采集钻井现场随钻数据，自主研制开发"水平井监控与导向系统采集传输软件"，通过井场局域网搭建访问录井和定向仪器数据库获取实时数据和手工数据定时导入的方法实现数据采集。利用卫星、4G/5G等无线通信方式，实现井场钻、录、测数据实时传输。

（2）精准地质模型的建立。

利用平台软件接口技术，将技术人员在石文水平井设计软件（Sharewin-HW）中绘制的油气藏剖面和靶点轨迹数据自动上传至水平井监控与导向系统中，实现水平井设计轨迹、靶点自动计算及随钻地质模型的导入，实现了地质导向精准油气藏模型的建立，预测地层变化，为随钻地质导向做好准备。

（3）随钻实时监控环境的建立。

随钻实时监控系统集近钻头地质参数、随钻测量数据、随钻测井、地层模型、轨迹变化等于一体，将随钻测井、钻井和录井等数据进行可视化集成展现，信息与数据合成在同一工作界面进行比较、分析和判断，为技术人员模拟出较为真实的跟踪监控环境，提供更为直观的可视化图像。该系统有利于正确把握地质导向轨迹，达到室内与现场同步，实现多井场实时监控，如图5.16所示。

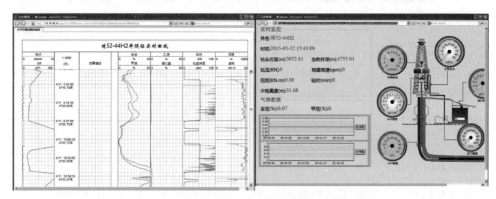

图5.16　水平井监控与导向系统随钻实时监控界面

（4）入靶控制与导向。

钻井过程的实时跟踪和调整是确保水平井成功的关键，在水平井钻井过程中入靶情况直接决定水平井钻探的成败。入靶质量控制主要包括三个方面：一是入靶点的深度，通过层位标定与已知邻井深度来推断设计井深度；二是地层倾角的大小，主要利用油藏剖面、地震剖面及随钻深度计算后预判；三是储层横向变化，主要利用地震属性及反演等方法实现。

平台采用 INT 绘图控件，通过与测井库连接，自动提取邻井测井、分层数据，垂深校正后按照海拔深度对齐，快速生成邻井柱状图，实时进行小层对比，指导水平井入靶控制，如图 5.17 所示。

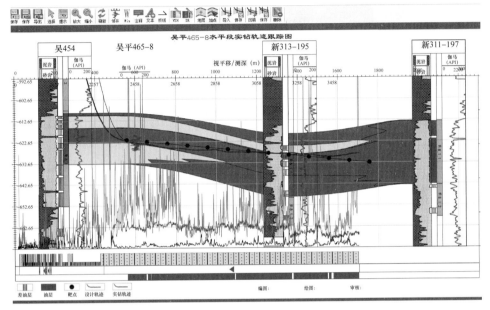

图 5.17　入靶控制与导向界面

（5）水平段的地质导向。

水平段是水平井的产油段，如何使水平段最大限度地穿越储层，是地质导向技术人员最为关心的问题，也是水平井钻井过程中最重要的一环。水平段的导向结果直接关系到水平井能否达到设计目的以及水平井产能的高低。

钻头是否在储层中钻进的判断依据就是钻井和录井的随钻数据变化情况，利用随钻电阻率与方位伽马曲线的变化判断；利用钻进过程中岩性变化来判断；利用气测显示变化判断。平台将钻井、录井以及 MWD/LWD 手工整理的及时数据集成在地层模型图中，生成地质导向图，如图 5.18 所示，技术人员根据数据变化情况判断钻遇情况。同时提供钻遇率自动计算，集成了泥质含量相对计算相对公式和指数公式，通过设置伽马、气测等参数，自动计算出砂层和油层钻遇率，并在图上实时标识出钻遇地层岩性及油层解释结论，辅助开展水平段随钻调整，确保井轨迹在有效砂体中钻进。

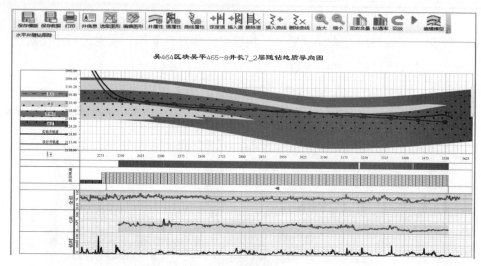

图 5.18　地质导向图

同时，系统可以实现钻遇异常预警。系统自动统计水平井数据采集传输及钻遇地层信息，并以短信方式发送给产建项目组随钻分析人员，实现了钻遇异常情况的实时预警，如图 5.19 所示。

图 5.19　钻遇异常情况短信实时预警

（6）钻井过程中地质模型的实时修正。

钻井过程中，将随钻资料加入原有地质模型中，并及时开展对比与修正，若模型模拟情况与实钻结果不一致，及时修改模型参数，使之与实钻结果相匹配，为下一步带钻井准确入靶提供依据，平台采用 INT 绘图控件，对地层模型的编辑灵活、操作简单。通过对地层模型的不断修正，保证了模型与实钻结果的一致性，对目的层位的认识更加准确。

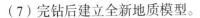

（7）完钻后建立全新地质模型。

利用水平井钻进中得到的测井曲线特征、轨迹钻遇储层特点及分层等信息，重新对地质模型进行校正，包括重新对三维地震反演体数据进行校正，重新落实储层的分布及非均质特征，为今后钻探与数值模拟工作奠定基础。

5.4.3　压裂实时监控

压裂技术是勘探开发低渗透油气田的关键技术。压裂远程监控系统利用 GPRS 或 3G 传输网络技术，将井场压裂曲线数据、微地震裂缝监测数据以及压缩后的音频和视频数据实时传送平台服务器中；利用信息化技术将服务器接收的曲线数据实时还原成二维压裂曲线，同时，将服务器接收的裂缝监测数据与专业数据库系统的井眼轨迹、目的层测井曲线数据有机结合，以三维裂缝图形方式实时展现压裂裂缝形态和地层之间的关系，并将服务器接收到的压裂数据与已设计好的压裂优化设计压裂数据进行实时图形化的实时对比。压裂专家通过该系统观看压裂曲线图、裂缝形态图和实时对比图等，实时对压裂方案进行调优、对压裂过程进行实时远程指导，实现压裂的远程决策支持。

（1）现场采集传输客户端。

长庆油田压裂机组主流的压裂曲线采集软件有 3 种（FracproPt 、四机赛瓦、四川金长城），裂缝监测采集软件有 3 种（斯伦贝谢、哈里伯顿、东方物探）。在压裂过程中，这些软件会将采集的相关数据实时存储在对应的数据文件中。据此，系统开发了现场采集传输客户端软件，能够实时获取并解析现场曲线和裂缝监测采集计算机已生成的数据文件，再利用通信网络将解析好的压裂曲线和裂缝监测数据发送回服务器中，软件支持断点续传，确保通信恢复后的二次续传。

（2）压裂曲线远程展示。

压裂曲线是油气井压裂过程中油套管压力、排量和浓度等压裂参数随压裂时间变化而变化的图形化表征。通常由压裂技术人员在压裂现场进行压裂曲线监测。远程实时监控系统现场客户端软件接口，利用 USB 直连线获取并实时解析仪表车采集系统生成的压裂曲线数据、工况图片和数据文件，远程进行压裂施工的工况展示和统计分析，支持单井曲线和多井曲线两种展示方式，如图 5.20 所示。同时，曲线数据可推送到 FracproPt 专业软件中进行实时展示。

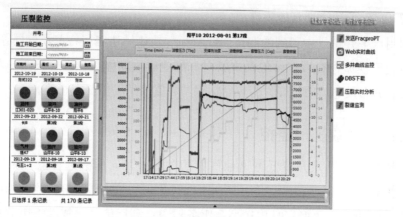

图 5.20　实时压裂曲线

（3）压裂裂缝三维展示。

在压裂过程中，井筒附近的水力裂缝的三维扩展往往存在转向及扭曲等复杂形态，容易引起一系列施工问题。由于现场条件的限制，裂缝形态大多以图表数据来展示，很难对裂缝的三维形态产生形象的直观认识。为了解决定向井三维裂缝扩展形态复杂难以可视化的问题，深入研究了井筒附近裂缝空间转向模型，并进一步将定向井裂缝延伸模型的适用范围扩展到了任意的井斜、方位及射孔方位下。如图 5.21 所示，平台对可视化软件进行二次开发，通过建立与钻井数据、伽马测井数据等专业数据库的关联关系，将压裂井的井眼轨迹数据、伽马测井数据和裂缝监测数据利用三维图形技术在统一的三维坐标系中实时展示裂缝形态图形，实现了裂缝扩展形态的可视化功能，技术人员滚动鼠标，能够实现裂缝形态图形的多角度监测。

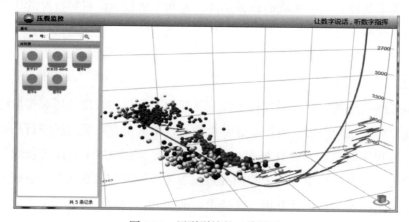

图 5.21　压裂裂缝的三维展示

（4）压裂模型计算。

为了油气田压裂成功率，增加油井产量，压裂前必须解决以下几个方面的问题：水力裂缝方位、延伸状况；泥岩能否控制缝高的扩展；如何修正裂缝扩展模型参数以符合地层实际，从而指导水力压裂；岩石力学参数对缝高的影响程度如何；压裂时缝长、缝宽以及铺砂厚度的选择原则；压裂后油井产量和经济效益如何。二维裂缝扩展模型有 PKN 和 KGD 两种模型，系统开发模型计算工具，输入相应参数动态计算净压力、二维裂缝形态等相关参数，对压裂效果进行初步分析。

（5）压裂实时对比分析。

压裂施工过程是依据压裂技术人员提前设计的压裂优化方案步骤进行的。技术人员在压裂优化方案设计阶段，利用建模和专业分析软件，模拟出压裂施工过程的井口（底）压力、净压力、裂缝缝长和缝高等二维曲线和参数。但在实际的施工过程中，压裂技术人员无法实时将模拟的压力、缝长和缝高曲线与实际压裂中对应的曲线进行对比分析，只能是做压后的对比分析。通过程序将实时回传的曲线数据实时转换，与设计阶段的模拟曲线进行实时拟合，技术专家在办公室就可实现压裂过程的实时对比分析，从而提高压裂优化方案的实时调优能力，提升压裂技术专家的远程实时决策支持能力。

5.5　大数据应用 3——动态分析

油气藏动态分析是油气井生产与管理的一项日常工作，是整个油气田开发成败的关键，其主要目的是在大量可靠资料的基础上，运用多学科知识和技术，综合分析已投入开发油气藏的动态变化规律，寻找各类动静态参数之间的关系，提出油气田开发的总体规划和调整措施，并根据动态参数的变化特点修正方案，使油气藏达到较高的最终采收率和较高的开发水平、取得较好的经济效益。

油气藏动态分析按照开发单元可以分为单井动态分析、开发单元（区块）动态分析和油气田动态分析，按照时间尺度可以分为旬度动态分析、月（季）度生产动态分析、年度油藏动态分析和阶段开发分析，常用的基础资料有：（1）油田地质资料，包括油气藏流体的性质，砂层厚度，有效厚度，渗透率，油层的连通情况，油、气、水的分布情况等；（2）油井和水井动态资料；（3）工程资料，包括钻井、固井、井身结构、井筒状况、地面流程等。

长庆油田油气藏动态分析工作主要以召开油田公司稳产形势会的方式进行，由油田开发处/气田开发处、勘探开发研究院等共同参与，由于研究成果不能及时共享，分析会需要较长的准备周期，导致生产效率降低，部署规划周期延长，因此，需要有更加高效的技术来支持油气藏动态分析工作，实现信息高效组织，缩短分析会周期，提高生产效率。具体需求表现在以下几个方面：（1）专题图绘制工作量大。由于油气田生产动态数据更新快，含水、压力、生产现状等动态图件需要及时更新，生产区块多，工作量大。（2）经验图版分析缺乏灵活性。油气田生产过程中积累的大量经验图版，科研人员主要依托 Excel 进行分析，对于分析结果进行任何调整都需要手工整理原始数据重新绘制，灵活性差。（3）公式算法管理分散。油气藏工程算法主要分散在研究人员手中，主要通过 Excel 或者计算器进行计算，参数修改不灵活，多种方法综合对比不易实现。（4）油气藏工程报表数字化程度低，发布周期长，共享难度大。

因此亟需建立一套"油气藏动态分析主题系统"，把开发生产动态、油藏工程、各类研究成果有机结合起来，帮助业务人员认识对象、发现和分析问题，以便于更好的服务生产。

数字化油气藏动态分析系统包括油田生产管理、提高采收率、气田生产管理和储气库管理 4 个决策主题，主要通过整合应用中国石油天然气股份有限公司 A2 库、动态监测数据库、储气库生产数据库、RDMS 成果库，按照行政单元和地质单元两条主线，提供众多动态分析工具和油气藏工程算法，在线跟踪油气田生产动态，实时监控生产状况，辅助开展油气藏工程研究，为区块开发调整提供决策支持。

（1）数据灵活组织为动态分析提供基础资料支撑。

动态分析资料分为油气藏基本概况和动静态图件两大类，主要包括产量、含水、压力、注水、动态监测、地质图件、油气藏物性、流体性、工作制度等数据，数字化油气藏动态分析系统以 A2（2.0）和动态监测数据库为基础，采用 DBLINK 数据访问模式，整合形成油田公司权威性的油气藏动态分析数据模型，开发了统一、便捷的数据查询统计功能，构建了完整的生产数据共享窗口。

A2 数据库本身提供了一些通用数据查询功能，但是由于各油田特点不同，对查询结果格式、统计方法要求也不同，通用系统无法满足特定需求，因此各油田需要结合自身业务，定制灵活的数据查询方式，如图 5.22 所示。

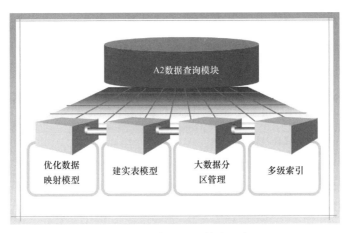

图 5.22　生产数据查询技术示意图

数字化油气藏动态分析系统从数据底层入手，新建中间数据库，改变数据存储方式，优化数据查询模型，开发多类型数据查询功能，按照单位、油气田、区域等索引条件查询油井、气井、水井生产数据，支持单井、多井、多区块组合查询和结果筛选，如图 5.23 所示。系统按照旬度和月度等动态分析周期，自动汇总各采油单位全井、纯老井、上年投产井、当年新井、措施井的井口、盘库核实产量，通过切换分析粒度实现数据的宏观把控与细节查看。

图 5.23　多区块组合查询

井组分析是油田动态分析的一项重要工作，提高采收率项目其实是多个井组的组合，气藏动态分析也经常会自由组合一批井进行分析，因此系统开发自定义单元功能，提供手工录入、图件选井和列表选井三种方式，支持跨油（气）田、跨区块数据的快速处理，时间段由用户自由设置，构建的虚拟单元和实体开发单元相同，具有曲线绘制、图版分析等应用功能，如图 5.24 所示。

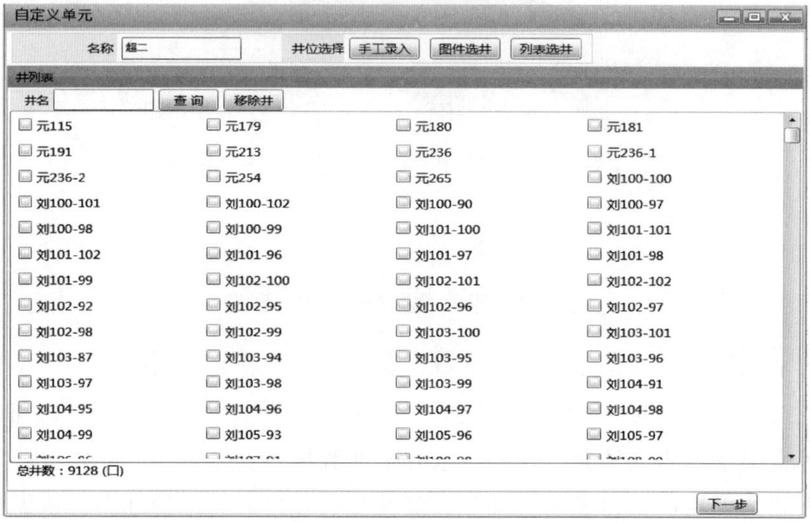

图 5.24　自定义单元界面

油气藏动态监测资料是油气田制订开发方案，调整开发决策，实施与评价工艺措施的重要依据，充当着油藏工程师"眼睛"的作用，是正确认识油气藏、评价油气藏、有效合理开发油气田、提高采收率的重要手段。围绕动态监测数据应用，数字化油气藏动态分析系统与 GIS 图形结合，提供从单井查测试项目以及从测试项目查找井的双向检索方式，直观展示监测井位分布情况，支持分测试项目、油气田、生产单位等日数据查询和月监测数据汇总，包括常规测试、地层压力、剖面测试、示踪剂测试、分析化验等项目，为油田开发分析提供实时、准确的现场数据，如图 5.25 所示。

油藏分类分级是深化油藏研究、加强油藏精细化管理、提高油藏开发水平的基础工作，也是使油藏管理工作规范化、标准化和目标化的有效措施之一，系统根据长庆油田建立的低渗透油藏分类分级评价体系，建立油藏指标数据库，对侏罗系、三叠系长 1—长 3、长 4+5—长 10 三类油藏评价指标和评价体系进行结构化管理，通过自动提取产量和含水等动态数据与采油单位定期上报评价指标相结合，快速进行油藏分级，生成各类统计图表，跟踪对比油藏开发效果。

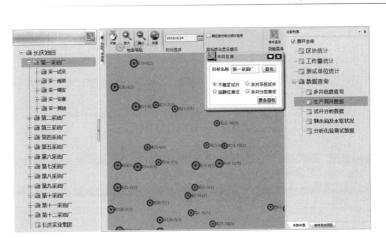

图 5.25　油藏动态监测应用界面

（2）多类型图形自动绘制实时跟踪油气田开发动态。

系统提供了生产曲线与开采现状图自动绘制功能，实时监控油气田生产情况。生产曲线在动态分析中占有重要地位，科研人员可以从单井、井组、区块、油气田以及厂处等多级别曲线中更直观、更形象地了解油田公司的开发形势和变化趋势，为开发方案的制订提供依据。油气藏动态分析系统采用 Silverlight 的 Grid 布局 dock 控件，动态生成综合开采、时间拉齐、产量构成、生产运行等曲线，支持模板定制、图表联动、数据钻取等功能。

① 模板定制。

在绘制油气田区块、单井综合开采曲线时，研究人员要在众多如产油量、产液量和含水量等生产指标中选取一部分指标来绘制曲线，模板化定制功能不仅为用户提供灵活指标选择，而且可以将已选择指标任意组合后绘制曲线，曲线属性如线形、颜色和坐标等元素均可按工作习惯调整，最终保存为个性化模板，实现了一次配置，多次重复利用的效果，如图 5.26 所示。

② 图表交互。

在数据与图形的交互方面，由于油气藏动态分析涉及开发指标多，数据统计工作量大，系统采用 spread 控件单元格事件，支持数据的

图 5.26　曲线属性及模版定制

修改、触发图形重绘等功能，做到了图形实时更新。以靖边气田北二区综合开采曲线为例，区块压力统计时，系统提取起始日期区间的压力数值计算平均值，而实际工作中，有时会根据实际情况去掉部分压力进行统计，压力数据发生了变化，这时可在数据源中进行修改，数据修改后曲线实时更新，增加了曲线绘制的灵活性与实用性，如图 5.27 所示。

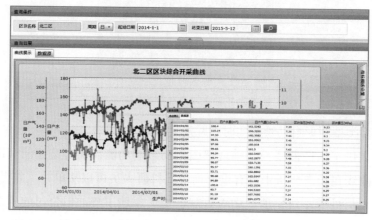

图 5.27　数据与图形的交互

③在线标注。

曲线绘制控件具有灵活的注释功能，用户可以根据需要添加文本框、注解等说明，支持详细标尺显示，对于某一时间点，支持指标值穿越多轴标注，如图 5.28 所示。

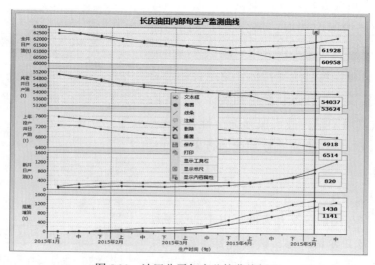

图 5.28　油田公司旬度监控曲线标注

④ 图形样式丰富。

除了常规的线形图外，系统还支持柱状图、饼状图、面积图以及特殊类型如堆积区域图、堆积条图等的绘制，如图 5.29 所示。

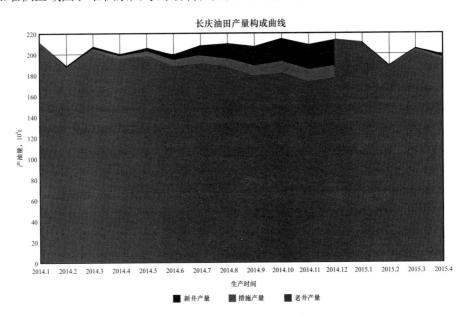

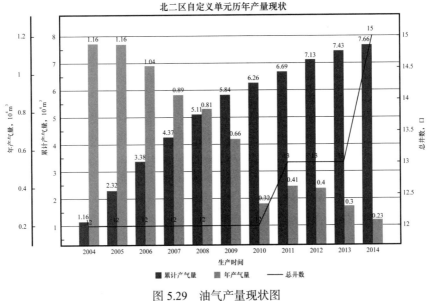

图 5.29　油气产量现状图

开采现状图主要用来反映油气藏平面单井生产状况，通过对重要开发指标的对比，发现油气藏开发存在问题，提出相应治理措施，解决平面矛盾。油气藏动态分析系统建设过程中，为了解决第三方组件带来的成图效果差、绘图效率低、系统集成度低等问题，自主研发了开采现状图在线绘制功能，通过提取A2生产数据或者通过数据接口导入外部数据，实现一键成图，支持图层控制、成图参数设置、图形缩放、数据与图件导出等功能。

⑤图形绘制技术。

基于Silverlight技术的开采现状图绘制，将图形上的所有元素按层的方式抽象，整个图分为底层、图例层、方位层、比例尺层、油气井层、水井层、标注层等，可以分层定义元素的显示样式，放大缩小图形时，部分要素如图例等可以保持不变。

⑥实现多种数据接口。

数据的准确性和完整性是绘制出开采现状图的基础，每口井的产量都必须有原始数据的支撑，系统在默认提取A2数据的基础上，支持多种数据接口与交互方式，用户可以通过Excel粘贴来跟换成图数据，体现了功能的实用性。

⑦独立组件、灵活调用。

开采现状图作为独立组件，分为工具栏和展示栏两部分。工具栏可以放大缩小图件、选择图件展示类型（如：泡泡图、柱状图）、选择对比日期和数据源、图层等，并且有图形保存功能；展示栏主要负责图形的展示，两部分内容相互独立。

⑧软件接口灵活性和可扩展性。

开采现状图组件提供很多公共属性、方法和事件，默认只需要调用一个方法就可以完成图形的展示，通过组件提供的其他公开的属性、方法和事件，可以实现特殊需求和特殊展示效果；在扩展性方面，已抽象出来的图层和基本图形绘制的基类，便于功能拓展，如井号标注要支持拖动等新需求，只需要扩展派生子类就可增加对应的功能。

（3）油气藏工程算法集成应用快速评价开发效果。

油气藏工程方法用于研究油气藏投入开采后的变化规律，寻找控制变化的因素，指导油气藏开发方案的制定，使之取得最好的开发效果。

油气藏动态分析系统采用c1Chart和spread控件，集成递减分析、产能预测、水驱分析、采收率预测、地层压力计算、动储量计算、注采能力研究等百余种油气藏工程算法，以图表直观展示分析结果，能够快速对油气藏开发效果进行综合研究，见表5.1。

表 5.1　油气藏动态分析系统算法列表

系统名称	系统功能	算　法
油田生产管理——提高采收率	注水分析	童氏图版、万吉业公式、俞启泰公式等经验图版
	水驱分析	甲型、乙型、丙型、丁型等 8 种水驱曲线拟合
	水驱图版	甲型、乙型、丙型、丁型等 4 种水驱图版
	联解分析	甲型曲线与广义翁式、甲型与哈波特等 6 种联解模型
	递减分析	双曲、调和、指数、直线、衰竭等 5 种递减模型
	产能预测	瑞利、胡陈、广义翁氏、威布尔等 4 种预测模型
	采收率计算	经验公式 19 种
	措施分析	人工确定、平均值等方法
	井网密度计算	8 种方法计算井网密度和油水井数
	地层压力计算	4 种计算合理流压、压差等
	注水压力计算	计算超前注水时长、最大注水压力、注水强度等
	IRP 曲线	计算流压和单井产量的关系
	泵效和流压	计算合理泵效与泵口压力关系
气田生产管理——储气库管理	地层压力评价	实测法、压降曲线法等 6 种计算方法
	动储量评价	压降法、产量累积法等 5 种计算方法
	产能核实	计算无阻流量四种方法，采气指示曲线法及经验法计算单井产能
	递减分析	Arps 递减分析、综合递减分析
	气库运行指标	采出、注入能力计算、运行参数计算、最小携液流量

① 数据自动提取和计算。

在油气藏工程计算过程中，需要用到某些专业库中的数据，凡是专业数据库已经结构化的数据都会自动提取，而不需要重新导入或输入。如气藏工程算法中利用压降法计算动储量，系统自动从 A2 数据库提取动储量计算所需的数据项——气井从投产到目前的生产时间、套压及日产气量，结合测压数据，根据公式自动计算出三口井的动储量，如图 5.30 所示。

② 理论公式个性化定制和固定参数自动保存。

常见的一些经验公式是在长期实验的基础上分析得到的，它有一定的应用

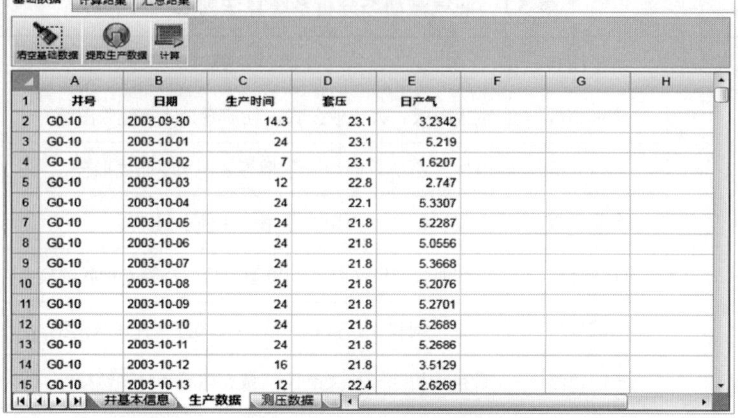

图 5.30　压降法——从 A2 库自动提取单井生产数据

条件和适用范围。如图 5.31 所示，以油田开发采收率计算为例，采收率是衡量油田开发水平高低的一个重要指标，其高低不仅与储层岩性、物性、流体性质以及驱动类型等自然条件有关，而且与开发油田所采用的开发方案有关，所以依据油藏类型的不同，系统集成了 13 种经验公式与 6 种计算方法，研究人员可根据地质条件与开发方案的不同选取不同的计算方法。当录入了基础参数，而改用其他算法计算时，部分参数是重复使用的，通常是需要再次录入，这样既增加了用户的重复性工作量，又使算法使用效率变低。该系统设置了一张与目标相关联的参数表，该表记录了用户每次输入的固定参数值，并将该数值保存入库，当用户用其他方法，或下次再用该算法时，已被保存的参数会自动从数据库取出，辅助用户参数数值记忆的功能。

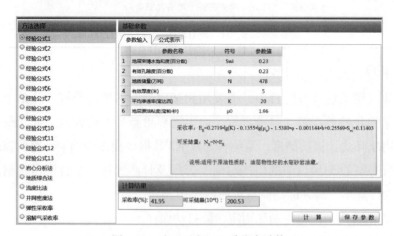

图 5.31　油田开发——采收率计算

③ 图版灵活化配置。

系统提供了大量的理论图版功能，理论图版均是由一系列曲线构成，它们具有满足一定生产规律而总结出来的经验公式，比如童宪章理论图版，通常是将采收率按 10% 的间隔设置，算法中不仅将此间隔值放开，用户可灵活配置，同时还可以设置该值的起始数据，如图 5.32 所示。

公式 $\lg\left[f_w/\left(1-f_w\right)\right]=7.5\left(R-E_R\right)+1.69$ 中常数项 7.5 和 1.69 分别是在某一特定的地质条件得出的，而这些常数在不同的油田、区块是不一样，如吉林某油藏条件，经分析研究应将常数 7.5 改为 13 更合适，而 1.69 是会因经济极限含水率变化而变化，当极限含水率为 98% 时，该系数是 1.69，如果当极限含水率为 95% 时，该系数是 1.28，为适应各种油藏的分析方便，系统将这些本是常数项改为变量，让用户按需要调整该参数，从而修正理论图版。

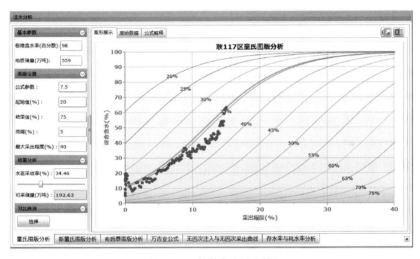

图 5.32　童宪章理论图版

④ 歧义点校正。

在动态分析过程中，经常用到拟合方法，即将某些开发指标绘制在同一坐标系中进行线性拟合，当有个别数据相比较其他数据在曲线上突然跳跃式出现时，这些数据会降低拟合的相关系数，而这些点并不能真实反映生产规律，为此，系统设计了歧义点较正功能，如图 5.33 所示。一种操作方法是在不剔除有效数据点的基础上，通过调整数据的大小来提高拟合相关系数，提高拟合效果，从而为寻找生产规律的真实性提供可靠保障；另一种是在图形上双击某个歧义点后，这个点显示灰色，将不参与计算。

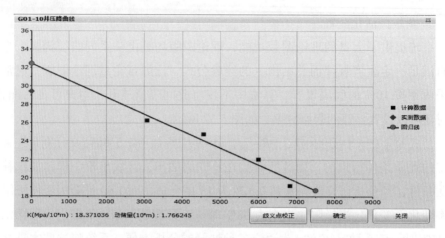

图 5.33　动储量计算——歧义点校正

（4）按照标准工作流开展日常动态分析。

①单井动态分析。

油井、气井、水井作为油田分析的最小研究对象，是油田井组、区块、整个油田动态分析的基础。系统提供了采油（气）井综合开采曲线分析、注水井注水分析、油（气）井产量对比分析、水井指标对比曲线、水井指示曲线分析、产液（气）剖面对比分析、吸水剖面对比分析等多种专业计算方法和图形分析功能，及时掌握油井、气井、水井生产情况。

针对单井的分析对象，系统提供的标准工作流是开采曲线、示功图、动态监测和分析试验，同时还关联了钻井、录井、测井和试油（气）等资料，也可以查询过该井的地震剖面图、连通图、测井图、管柱图等图件资料；查询钻井地质设计、工程设计、完钻井方案、试油方案等资料。通过某口井为中心，可关联查询其周围邻井的生产情况，以便研究人员进行注采效果分析。

②区块动态分析。

区块动态分析是油气田动态分析的重点分析对象，系统提供了开采曲线、产量构成、生产预警、水驱状况、区块评价标准工作流，综合分析区块产能的动态变化，在错综复杂的关系中找出油藏各动态参数的变化特点、规律以及其相互之间的影响与制约关系，辅助研究人员掌握区块的动态开发进度，为维持区块油气产量的稳产、上产提供科学保障。

③油气田动态分析。

油气田动态分析是以整个油气田为研究对象，通过对油气田的历年产量、生产曲线、产量构成、开发指标等数据的研究，发现油气田生产的动态变化规律，通过分析现象，解释问题，认识本质，解决油气田生产过程中出现的问题，并提出调整措施，挖掘油气田生产潜力，预测油气田未来的生产趋势。

④厂处动态分析。

厂处级标准工作流为历年产量、开采曲线、产量构成和开发指标，主要是为了解采油气厂、作业区等生产情况而开发的功能，通过生产单位的配产及实现完成柱状图来实时了解厂级生产现状，同时可以从厂级钻取到作业区级以便了解其下级生产情况。

⑤油田公司动态分析。

油田公司动态分析工作流为历年产量、开采曲线、产量构成、生产运行、开发指标和区块评价，通过各类图形展示及时了解整个油田公司的生产情况，进一步认识油气田开发进程，为油气田整体开发提供科学依据。

（5）油气藏工程报表自动生成打通生产、科研、管理信息数据通道。

油气藏工程报表是油气藏动态分析的基础工作之一，传统报表制作需要各生产单位手工填写、邮件上报、管理部门人工汇总，工作量大，周期长。RDMS 系统开发了日、周（旬）、月等 22 张报表的自动生成功能，主要提取 A2 数据，结合批量粘贴、Excel 导入等技术，快速汇总生成公司级各类油气藏工程报表，实现了报表从录入、生成、查看到下载的一体化应用管理（表 5.2）。

报表开发应用 Spread WPF-Silverlight 表格控件，将微软 Excel 的强大功能嵌入到 Web 应用中，支持 Excel 文件中的数据回存数据库的功能，具有导入导出 Excel 格式文件、多工作表、跨工作表等功能，还实现了公式索引、分层显示、分组、有条件的格式、排序、行筛选、搜索、缩放等功能，同时在单元格级别上支持全面的客户定制，提供单元格合并、多表头、单元格形状、320 种内建的计算函数，单元格提示和注释等功能，省去了主程序通过编写代码来计算的烦琐，大部分数据处理过程在客户端完成，提高系统运行效率。

数据录入设置了严格的校验机制，对井号、作业区、油田和区块信息自动与 A2 进行匹配，不符合的信息会给出提示信息，点击错误信息可以定位到相应单元格。同时，为了确保报表数据的一致性，管理部门负责对报表进行数据准确性审核与归档，其他应用人员通过查询归档文件进行应用，如图 5.34 所示。

表 5.2　自动生成的油藏工程报表列表

报表类型	报表名称	报表类型	报表名称
日报 （5张）	原油生产与注水日报	月报 （11张）	表三　增注效果统计表
	油井措施效果日报		表四　老井转注见效统计表
	水井措施效果日报		表五　注水井转采效果统计表
	采油与注水情况对比表		表六　高压欠注井统计表
	井型分类统计表		表七　老井分注效果统计表
周（旬） 报 （4张）	原油生产与油田注水监控表（周、旬）		表八　注水平面调整效果统计表
	新井投产和投注监控表（周、旬）		表九　采液强度优化表
	油水井措施监控报表（周、旬）		表十　注水井更新工作进展及效果统计表
	日产油水平统计旬报		表十一　（1）重点综合治理区块工作量汇总表
月报 （2张）	表一　主要开发指标对比表		表十一　（2）重点综合治理分月措施进度月报
	表二　含水上升率扣水情况统计表		表十一　（3）重点综合治理区块指标完成情况汇总表
合计：22张			

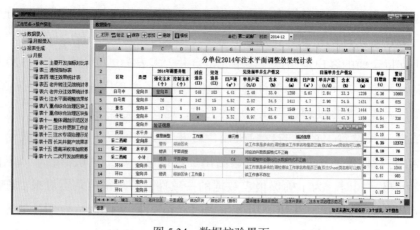

图 5.34　数据校验界面

5.6 大数据应用 4——专题业务

专题业务类应用，是对油气藏勘探开发过程中相对独立的专题业务进行研究，为决策提供依据，主要包括油气藏描述与预警、储量管理、矿权管理、水源井管理、经济评价和钻采工艺等 6 项应用。

5.6.1 储量管理系统

储量研究工作是各油田企业生产管理的重点，提供企业和国家制定长远能源发展规划的依据，支撑企业的发展。作为上市企业，需要按照国际标准和上市标准进行上市储量资产管理，每年提供各储量区块上市储量审查报告。根据国家要求，每隔 3～5 年会对部分储量区块进行复核算；根据上市要求，每年都需要对所有储量区块进行审查核算。

储量管理系统提供一套完整的解决方案，实现探明已开发、探明未开发、控制、预测地质、技术可采、经济可采储量的评估计算，提供含油面积和有效厚度等储量计算参数研究功能，对探明已开发储量、探明未开发储量、控制储量、预测储量的综合信息管理，支持含油面积、有效厚度等储量参数研究成果的提取，对区块储量新增、升级、复算与核算变更过程数据进行资源序列化动态管理，为储量评审和后期开发规划工作提供支持。提高各油田公司、研究院、采油厂在储量计算、管理及审查工作中的效率，解决实际生产工作中的问题。

如图 5.35 所示为储量管理系统总体框架。

（1）储量论证。

储量论证提供了在线储量成果审查和反馈交互功能，建立了年度计划、提交方案分析、工作进展和储量审查 4 个流程环节。年度计划和提交方案分析主要是反映了油田公司年初的储量预交方案，确定储量目标区域；工作进展提供了决策层和管理层分析各月度储量目标区块勘探开发工作量进展情况以及储量落实情况功能，根据当前的实施情况，能否完成年初的储量任务目标；储量审查提供了决策层和管理层对年终储量成果申报预审功能，确定申报是否合理，对科研人员的成果提出修改调整意见，使管理层和科研人员能在平台进行交互反馈。

（2）储量业务流。

储量生命周期要经历勘探储量管理（预测→探明）、开发储量管理（探明→

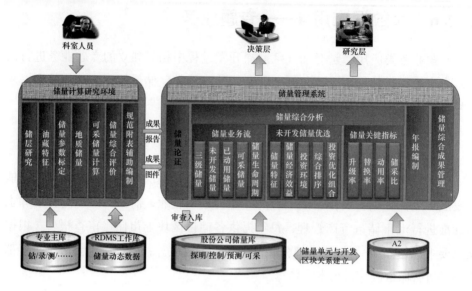

图 5.35　储量管理系统总体框架

产量）的全过程，结合油气田储量申报、油田开发方案编制、产能建设、生产管理等一系列对储量的应用需求，数字化平台有序地按照三级储量（探明储量、控制储量、预测储量）、未开发储量、已动用储量、可采储量进行分类管理，同时建立了各区块变更关系，通过储量生命周期，能完整查看一个储量区块历年演化变更过程。

数字化平台以开发单元为管理对象，对历年各单元地质储量、技术可采储量、经济可采储量、累计产量、剩余可采储量以及历年可采储量标定前与标定后的变换储量数据进行了全面管理。数字化平台通过图形和表格的方式直观展示了目前油田公司可采储量现状及历年变化情况，提供各油田（或区块）可采储量分析查询，标定前与标定后储量对比，累计已动用地质储量与累计技术可采储量对比分析功能。

（3）储量关键指标。

作为公司决策层和领导层，需要宏观掌握公司储量资产变化情况，了解储量升级变化趋势，分析储量与产量的总体关系。结合决策层的应用，平台提供了储量升级率、动用率、替换率和储采比分析功能。储量升级率提供了历年控制储量升探明储量、预测储量升控制储量分析功能以及相应升级率变化趋势；动用率分析了历年探明已动用储量与累计已探明储量情况；替换率全面反映历年新增探明储量与当年产量的关系，用以分析油田企业是否良性平衡发展，为油田持续稳定发展提供了较好的数据支撑；储采比分析了目前剩余技术可采储量与年产量的关系，反映了油田按当年产量规模任务后续能持续发展的时间。这些指标数据在平台中都采用了直观的图、曲线、数据进行直观展示，为决策层提供全面分析功能。

（4）年报编制。

系统提供快速自动化报表年制功能，结合股份公司级数据库，快速生成年度新增探明储量、控制储量和预测储量数据表，截至当年的探明储量、剩余控制储量和剩余预测储量数据表，包括分省县数据表。同时能自动生成历年新增探明储量、控制储量、预测储量等相关图形，最终形成储量年报，极大地提高了科研人员的制表工作效率，同时也能为领导层和应用层输出相关储量报表提供辅助功能。

（5）储量综合成果管理。

每年储量申报完成后，会形成大量规范的报告、PPT、图件和附件等文档，这些文档作为油气公司的核心数据资产，需严格规范化管理。系统平台提供了成果规范编目入库归档管理，同时进行资料授权查询与下载功能，在保证资料安全情况下，最大化进行成果共享，供相关科室进行综合查询应用。

5.6.2　矿权管理系统

矿权是油田勘探开发的基础保障，在现有的管理模式下，存在数据量大、分散，统计工作量大、耗时、费力，成果资料管理模式落后等问题。因此急需建立一套完整的科学化、标准化的数字化管理平台，实现成果资料的标准化管理、成果数据的快速发布与查询以及矿权研究的数据支撑。

矿权管理系统结合 MRGIS 软件以及 RDMS 数据管理现状，提供矿权研究的钻井和生产等部署动态数据统计功能，并实现矿权基本信息、年检信息、评价与保护以及矿业秩序查询分析功能，如图 5.36 所示。

（1）矿权管理模型工具。

通过年度、井号、测井号等数据信息，统计探井、评价井、开发井数、矿权内年度探井、评价井总进尺数，自动生成年度钻井部署表、生产数据统计表、地震工作量表，并对结果进行校验补录，成果通过专业软件接口直接推送到MRGIS 软件中（或以 Excel 方式导出到本地）。

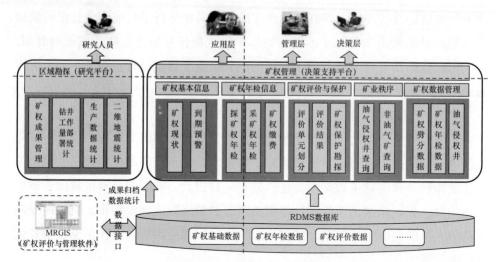

图 5.36　矿权管理总体功能架构

（2）矿权基本信息。

对长庆油田现有探矿权、采矿权以及非油气矿权登记信息、面积、起止时间等信息按年度、盆地、省份、采油气厂处、勘探区带等多维护查询分析。实现对矿权的信息统计以及到期预警管理。

（3）矿权年检信息。

实现对探矿权实际投入、综合投入以及采矿权未投入开发情况进行查询分析，对年度矿权缴费、新立、试采申请等数据进行统计分析，并以统计图、数据表、平面地质图的展示方式进行综合分析查看。

（4）矿权评价与保护。

分为评价单元划分、评价结果和矿权保护勘探三个子模块，评价单元划分、评价结果以直方图、饼状图、明细表以及地质平面图等方式进行分析；矿权保护勘探子模块分为计划和部署两部分，采用数据表和地质图两种方式进行综合展示。

（5）矿业秩序。

分油气侵权井管理与重叠区管理两部分，侵权井数据由各相关单位矿保人员上传井号、坐标、侵权人、试油气情况等信息至数字化平台，经相关主管部门审核后进入数据库，并在现状图上叠加显示。

重叠区管理：实现对不同来函区块的明细信息查询，并以 GIS 图和数据表的方式展示；实现对来函文件、来函坐标范围的管理，并将来函坐标叠加到矿权现状图中进行分析。

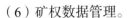

（6）矿权数据管理。

通过模板导入方式，对有效矿权不同维度的劈分数据、矿权年检、矿权评价与保护及矿权秩序数据进行维护，并为相关管护单位提供侵权井坐标录入功能。

第6章 油田大数据技术应用实例

随着油田数据中心的建设，数字化油田建设为大数据分析提供了源源不断的数据资源，目前石油企业已经具备了油田大数据分析和应用的基本条件，中国石油云的建设为大数据分析应用提供了强大的计算能力和弹性可扩展的数据资源池。在国际油价持续低迷、企业利润大幅降低的背景下，如何更好地利用大数据分析技术，构建满足油田科研生产与管理决策需要的油田企业级大数据分析平台，发挥油田大数据资源的潜在价值，实现企业运营的节能降耗和提质增效，促进企业管理的科学，显得非常必要和紧迫。

6.1 在石油行业信息化中的应用

石油行业实现信息化生产，有助于提高石油企业的效益与质量。在互联网基础上将大数据技术应用到石油行业之中，通过科学的计算技术以及大数据分析技术，能够有效提升石油行业的开发效率；通过数据挖掘技术能够对行业内的一些基础数据进行深入的分析，从而减少石油行业的生产成本，提高石油的开发效益。

6.1.1 建设数字油田的标准体系

数字油田虽然已经经过多年的建设和发展，但是数字油田标准化体系一直处于滞后的状态，成为制约数字油田进一步发展的关键因素。建立数字油田的首要任务是制定有关数字油田建设项目管理类标准规范、软件开发及运行维护通用标准规范。数字油田标准化体系的建设会对工程项目管理、信息基础设施、数据交换、信息安全、信息系统建设和系统运维服务等多个方面提供统一标准的数字化信息服务，提升管理质量及运行效率。

例如，为了实现数字油田的标准体系构建，华北油田在内蒙古阿尔善宝力格油田作业区设立了数字油田示范区，做到了单井及站场数字化覆盖率60%。

在规模化的产能模块设计中，华北油田采用了自动化配套建设方式，节约现场人力 30%，最终实现资金投入的新一步降低。又比如，长庆油田通过广为分布的监控设备和自动化控制设备，实现人员闯入预警、自动化投球、功图法计量、电子巡井，建立起一套标准统一、技术统一、平台统一、设备统一、管理统一的现代化管理决策辅助系统，从而大幅度提高现场管理效率，并通过搭建信息平台、畅通信息渠道、加强信息采集、优化信息处理，最终形成科学快速的决策，实现了的年产量 $5000 \times 10^4 t$ 的目标。

6.1.2　建立企业数据仓库

随着数据容量与数据类型在过去几十年里的大幅度增长，传统的数据存储模式已经无法负荷日益增长的数据量，而数据仓库技术的出现于发展满足了数据存储与分析的这两类庞大的需求，从而彻底改变了数据集成的前景。在建立数据库的技术方法中，企业中所有数据首先会根据数据类型进行分析，也会考虑到数据本身的性质及其相关的处理需求。数据处理过程将会用到内置在处理逻辑中并且整合到一系列编程流程中的业务规划，数据处理会使用到企业元数据、主数据管理和语义技术等。数据仓库技术可以高效利用当前及未来的数据架构和语义技术等。数据仓库技术可以高效利用当前及未来的数据架构和分类方法，保持处理逻辑的灵活性，使他能够在不同的物理基础架构组件上发挥作用，从而提高企业的信息化管理的效率。

6.1.3　大规模数据的并行处理与计算

现在并行程序设计算法需要考虑数据的存储管理、任务划分与调度执行、同步与通信、灾备恢复处理等几乎所有技术细节，且非常烦琐。为了进一步提升并行计算程序的自动化并行处理能力，应该尽量减少对很多系统底层技术细节的考虑，从底层细节中彻底解放出来，从而更专注图应用问题本身的计算和算法实现。目前已发展出多种具有自动化并行处理能力的计算软件框架，如 Google MapReduce 和 Hadoop MapReduce 并行计算软件框架，以及近年来出现的以内存计算为基础、能提供多种大数据计算模式的 Spark 系统等。并行计算的性能评估是通过加速比来体现性能提升的，这里所提到的加速比是指并行程序的并行执行速度相对于其串行程序执行速度加速了多少倍。这个指标贯穿于整个并行计算技术，并行计算技术的核心。从应用角度出发，不管是开发还是使用，企业都希望随着处理能力的提升，并行计算程序的执行速度也需要有相应地提升，从而完成大规模数据的并行处理与计算。

倘若要在石油行业的全面信息化建设中大力发展大数据技术的管理，仍需要进行不断更新与调整，只有做好各方面适应性改造，才能够实现对工程管理技术上的重大科技突破。

6.1.4　对相关数据进行安全整合

为了维护石油企业的正常运转，每天都会产生很多不同类型的数据，值得注意的是，在数据收集过程中，应该利用大数据技术对其中潜力价值较大的数据进行充分挖掘，从而对最适合企业发展情况的数据进行选取，这样一来，数据中的价值便会得到有效发挥，将数据应用到最合理的地方。

例如，在大数据环境下，很多油田信息具有较强的关联特性，但数据又具有共享特点，为很多商业机密的保护提出了很大挑战。因此，在油田信息化建设过程中，需要确保信息的绝对安全，在加强数据管控的同时，维护数据不受到任何风险的影响，最终为企业的良好发展提供基础条件。

6.1.5　加强油田大数据的人才队伍建设

大数据技术的应用已然成为石油企业的必要选择，但在具体发展过程中，依然有很多工作人员对该项技术的认知不够深入。因此，各个石油企业应该对信息化人才培养工作进行加强，建立一支对大数据极为敏感的信息化团队，这种队伍在工作过程中，必然会为企业创造更多价值，并带来新的信息建设源泉，将大数据技术作用全面发挥出来。除此之外，为了跟上时代发展步伐，石油企业也应该在信息化建设方面提升投入力度。

例如，企业可以定期组织工作人员进行信息技术培训，对大数据工作理念进行传达，进一步提升工作人员的信息化意识。与此同时，对信息化制度进行建立和完善，为油田信息化提供制度保障。由于大数据人才队伍建设的加强，各个石油企业便能走在信息化建设的前列，最终实现市场竞争力的有效提升。

6.2　在油气勘探开发中的应用

大数据分析技术在油气勘探开发及生产的各个领域、各个工艺流程中均得到了良好运用，如地震数据属性提取、储层建模、钻井方案优化、油气资源评价和生产方案优化等方面。这些技术的运用对提高油气勘探效率和降低开发成本具有显著的促进作用。

6.2.1　储层预测研究

对于油气田勘探开发而言，构造认识和储层认识是基础工作中的核心，而储层预测一直以来是难点中的难点。但是，一直以来，因地质意义模糊、地震属性的混乱不清等原因导致人们对储层预测的不准确。如何利用现有数据进行储层的定性、定量认识和预测一直以来困扰着地质和地球物理专家。大数据的理念正在逐步消除人们的评价顾虑，它告诉人们：知道"是什么"就够了，没有必要知道"为什么"。在大数据时代，大数据技术、数据挖掘的思路为储层预测带来新的思路与方法。

例如，大港油田对此进行了有益的探索和研究。从数据准备到数据可视化全流程的实践，探索形成了尺度融合基础上的大数据储层研究思路，完成了试点地区的储层研究，为科研生产提供了全新的依据。通过对勘探开发业务的理解，地质专家和数据分析专家密切配合，完成了大港油田 N59 断块储层预测相关数据的集成，包括地震、测井、录井、分析化验和地质成果数据等结构化与非结构化数据，进行了归一化、标准化、尺度融合等数据预处理，开展了支持向量机等 6 种地震测井大数据储层预测算法适应性研究，最终完成了大数据储层预测模型的建立。由此模型预测形成的数据结果受到地质和地球物理专家的高度认可，其纵向与横向分辨率得到极大提升，与单井钻遇砂体、油田生产注水动态及预留验证井的情况非常吻合，具有极强的现实指导意义和示范作用。

6.2.2　地震勘探数据处理

地震勘探是石油地质勘探中十分重要的技术，其流程包括地震资料的采集、处理和解释等。大数据技术在地震勘探的多个环节均已得到应用。在地震数据的解释环节，可利用大数据技术从地震属性中提取出地震波的振幅、频率、相位、能量和波形等多种参数，以及这些参数的梯度变化等信息。大数据技术的引入，一方面使得解释人员对地震数据的处理效率、合理性、准确性大大增加，另一方面可使以往那些容易被忽略的、有潜在价值的地震数据更容易被识别。

目前世界几个大型石油巨头公司均用到了大数据技术：美国雪佛龙公司在地震数据处理的多个步骤（如储层的分析和识别）中均用到了 Hadoop 技术，通过高性能计算机对地震数据进行计算，并将处理后的数据通过计算机模型进行分析。荷兰壳牌石油公司在地震勘探过程中运用云计算技术实时采集和分析各种勘探开发数据，使油气开采的成功率明显提高。在国内，三大石油公司均开始尝试将大数据引入油气勘探中，而地震勘探更是大数据应用的主战场。我国最大的物探公司——东方地球物理勘探公司，利用大型超算中心的 GPU 集群，使得地震数据的处理效率突飞猛进，节省了大量人力、物力和时间成本。

6.2.3 油气井产能的预测

大数据的本质是预测，即从大量数据中挖掘有用信息，并对其发展趋势进行预测，为决策者制订合理的应对方案提供科学依据和支撑。目前已有石油公司尝试通过油气田生产过程中收集到的大量数据，对油气井后期的产能进行预测，这种方法对于老井尤其有用。由于老井开采时间较长，其产能严重下降，成本显著增加，后期能否产生效益的不确定性大为增加。但这些老井在长期开采过程中已积累了大量的相关数据。大数据技术可通过对老井的地震、钻井和生产数据的分析，将储层和产能的变化情况实时地提供给决策者，方便工作者对后期的开采情况进行预测，对其开发方案进行改造和优化，使老井的生产效益实现最大化。

6.2.4 油气相关设备的维护

从油气的上游勘探开发到下游的冶炼运输，涉及大量的专业设备，这些设备的运营和维护需要石油公司付出较高成本。如将大数据技术运用到各项设备的故障预测和性能维护方面，可达到较好的节能减耗效果。要实现这一目的，需在油气的勘探、开采、冶炼和运输过程中，收集包括压力、温度和体积在内的各种相关数据，以及设备的消耗和损坏情况等，并将这两类数据进行比较，分析两者之间的关联性并总结其规律。通过上述途径，就可利用大数据技术对容易出现故障的部件和故障发生的位置、频率和事故的原因等进行科学性预测，以采取针对性的措施，实现设备故障的自动化预测，以达到提高维护效率、节省维护成本的目的。

大数据技术本身是一个新兴行业，其在油气勘探行业的应用也属于初级阶段，目前油气勘探大数据行业相关的人才仍然比较缺乏。另外，我国的油气勘探公司大多是大型垄断性国企，由于长期的管理体制问题，思维相对于互联网

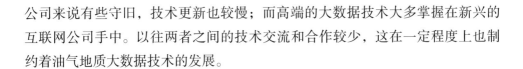

公司来说有些守旧，技术更新也较慢；而高端的大数据技术大多掌握在新兴的互联网公司手中。以往两者之间的技术交流和合作较少，这在一定程度上也制约着油气地质大数据技术的发展。

6.3　油气生产节能降耗

能源资源的稀缺性特点决定我们要持续地关注"节能降耗"，更应该深入研究与将更多、更好的节能降耗技术应用于石油行业各个领域当中，从而实现预期的节能减排目标，达到节能降耗的目的。结合历史油田数据和大数据分析技术，各大油田公司均对采油系统、集输系统等的节能降耗技术应用问题进行了深入探讨，旨在促进节能降耗技术在油田油气资源开发与利用过程中的科学合理应用。

6.3.1　采油系统节能降耗技术及其应用

影响油田机械采油系统能源利用效率的因素较多，可以说地面和井下因素皆有，如油井产液量、有效扬程和电动机输出功率等因素和参数。因此，应该同时考虑地面和井下因素，将机械采油系统作为一个整体，以节能降耗为主要目标，对相关影响因素及参数进行优化匹配设计，旨在提高整个机械采油系统的能源利用效率，进而提高其节能降耗水平。

当前，就油田机械采油系统优化设计所涉及的节能降耗技术研究与应用，概括起来有多个研究方向和多种技术。例如，"双层综合模糊评价法"，即将最高效率作为设计目标，建立机械采油系统有杆泵抽汲参数优化模型，以此起到消耗同样能源而提高油气产量的效果。又比如，"回归方程法"，即通过对大量的机械采油系统效率数据的分析来获得一个或者多个方程模型，然后以效率为目标函数，将设计参数与实际生产进行对比分析，从而获得生产效率高的参数并普遍应用到生产过程中等多种采油系统优化设计方法。

下面以降低抽油机井吨液百米耗电量为目标的大数据分析应用为例，简要说明大数据分析技术在油田采油系统节能降耗中的应用。

应用大数据分析技术可以将采油工程中的大量数据转化为指导生产的意见。抽油机井吨液百米耗电量是评价油井能耗水平高低的重要指标，对油井的能耗挖潜具有重要意义，但由于影响吨液百米耗电量的因素众多，究竟何种因素是影响抽油机井吨液百米耗电量的主要因素及影响程度如何并不十分明确。因此，有必要应用大数据分析技术对影响吨液百米耗电量的各因素进行分析，并建立相关数学模型进行权重分析，挖掘出各种影响因素对抽油机井吨液百米耗电量的规律，并结合现场生产情况，准确制订降低吨液百米耗电量的措施。

在油田生产过程中，抽油机井吨液百米举升耗电量是评价油井能耗状况的重要指标之一，是井下和地面等参数综合的结果。据现场经验可知，一般产液量、下泵深度、沉没度、含水率、抽汲液体黏度、冲程冲速和抽油机平衡率等诸多因素都可以影响吨液百米耗电量，难以评价的因素还有热洗化防次数、对应注水井注水情况、抽油机型号和电动机功率等。虽然目前对影响抽油机井吨液百米耗电量的因素有了一定了解，但还需要应用大数据分析技术找出各种因素之间的相关性。

此次大数据分析案例以华北油田采油三厂971口油井数据为基础，结合抽油机井基础数据、功图数据、自动检测实时数据及系统效率等近150万条数据进行数据清洗和分类等工作，建立了针对抽油机井吨液百米耗电量的主题数据库，并通过配套嵌入的相关数据挖掘算法，发现隐藏其中的相关规律，制订以降低抽油机井吨液百米耗电量为目标的措施。

（1）关键指标诊断。

抽油机井吨液百米耗电量是衡量抽油机能耗水平的重要指标。2017年，华北油田采油三厂平均单井吨液百米耗电量为0.99kW·h，系统效率为30.21%，抽油机电费占全厂总成本的6.54%。在含水上升、液量增加，国际油价持续低位徘徊的大环境下，提高抽油机系统效率、降低能耗具有重要意义。

（2）基础数据挖掘实例。

通过对采集到的数据进行正态分布图、曲线图、柱状图和散点图等方式进行直观展示。以某采油工区为例，统计分析近期测量的160余口油井吨液百米耗电量数据，绘制正态分布图；应用3σ准则划分边界条件进行质量控制，发现6口井严重偏离平均值，现场重新测量之后，发现是测试仪器故障。经过初步分析，可以实现对错误数据的检测及浅显规律的发现。

（3）专业数据挖掘。

通过分析电动机和抽油机等因素与吨液百米耗电量的关系，发现抽油机平衡率与能耗分布无明显规律。认为：目前利用峰值电流评价平衡率的方法值得商榷，若采用功率法能更准确地反应抽油机平衡情况。分析抽油机井吨液百米耗电量与系统效率的关系发现，两者之间存在拟合度良好的幂函数关系曲线。

　　选取所属某区块所有油井的吨液百米耗电量数据及系统效率数据，做出两者之间的散点图，拟合出的幂函数关系曲线为 $y = 23.99x^{-0.96}$，表明二者存在明显的幂函数曲线关系。进而按吨液百米耗电量的不同对数据进行分类，做出各自区间的线性关系，分析发现直线 1 与直线 2 的斜率之比为 10.4 倍，相交点系统效率为 9.7%；直线 2 与直线 3 斜率之比为 5.6 倍，相交点的系统效率为 28.9%。这表明：当系统效率小于 9.7% 时，能耗水平降低空间巨大，是重点治理区域；系统效率为 9.7% 与 28.9% 的油井是普通治理区间；系统效率大于 28.9% 的区域为高效区域。某区块油井系统效率与吨液百米耗电量关系如图 6.1 所示。

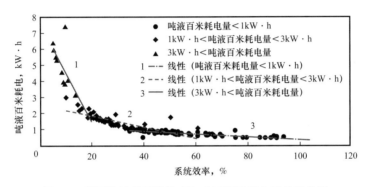

图 6.1　某区块油井系统效率与吨液百米耗电量关系曲线

　　选取所属某区块所有油井的数据，以抽油机井吨液百米耗电量及系统效率为研究对象，进行合理沉没度的确定。应用聚类的方法以 50m 为间隔进行划分，求出每个区间内的平均沉没度、平均系统效率和平均吨液百米耗电量；应用回归分析拟合出 2 条二次函数曲线（图 6.2）。随着沉没度的增加，平均吨液百米耗电量先减少、后增加，沉没度为 300～700m 时平均吨液百米耗电量最低；而系统效率随着沉没度的增加先增加、后减小，沉没度为 300～900m 时平均系统效率最高。采用数学求导确定极值的方法，确定出所属区域合理沉没度为 375～617m。

　　进而进行权重分析，寻找影响吨液百米耗电量的主要因素，为后期制订措施指明方向。由表 6.1 可知，影响抽油机井泵效的因素敏感性程度大小排序为：产液量＞泵效＞冲速＞泵径＞冲程＞原油黏度＞含水率＞悬点最小载荷＞抽油机平衡度＞泵深＞抽油机载荷利用率＞电动机载荷利用率＞沉没度＞悬点最大载荷。后续在制订降低吨液百米耗电量的措施时应按所分析的次序优先进行调整。

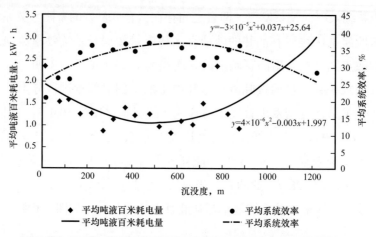

图 6.2　某区块油井沉没度与吨液百米耗电、系统效率聚类分析

表 6.1　某区块油井吨液百米耗电量影响因素排序

敏感性参数	敏感程度	权重系数，%
产液量	−4.115	18.3
泵效	−3.434	15.27
冲速	−2.708	12.04
泵径	−2.408	10.71
冲程	−2.335	10.38
原油黏度	1.458	6.48
含水率	−1.337	5.94
悬点最小载荷	1.549	6.89
抽油机平衡度	−0.976	4.34
泵深	0.686	3.05
抽油机载荷利用率	0.501	2.23
电动机载荷利用率	0.336	1.49
沉没度	−0.333	1.48
悬点最大载荷	0.316	1.4
合计	23.492	100

（4）现场应用。

结合大数据分析成果，编制详细的节能措施方案，针对不同井况、不同生产情况制订措施。

① 针对产液量低和泵效低的问题，采取压裂、酸化和地质补孔等措施，提高产液量；对地层挖潜潜力不大的油井进行间开或安装抽油机变速运行智能控制装置，降低吨液百米耗电量，节电率达 21.66%。

② 针对冲程、冲速、泵径和泵深匹配关系不好的问题，在数据库建设的基础上，对历史数据应用神经网络模型进行训练，并结合杆柱等强度理论，开发了井下完井杆柱组合方式软件，系统调节冲程、冲速及井下杆柱配比。分析应用以来，调整冲程 139 次、调整冲速 162 次，优化泵径及杆柱组合 581 井次，年节电 $92.65 \times 10^4 kW \cdot h$。

③ 针对抽油机不平衡的问题，通过调整平衡度、皮带松紧程度、驴头对中和中轴尾轴的润滑等方式以提高地面效率，目前调整平衡 167 井次、调整皮带 93 井次、调整中轴尾轴润滑 4000 余次，年节电 $113.53 \times 10^4 kW \cdot h$。

6.3.2　在油气集输中的应用

根据油气集输过程中产生的海量数据，利用大数据技术，可以有针对性地建立相应的模型及算法进行挖掘分析，有助于为集输系统的优化设计及节能降耗提供指导。

（1）大数据在油气管道规划与设计中的应用。

资源输送始终是国家重点项目内容，迄今国内管道建设总量基本已达 $16.9 \times 10^4 km$ 左右。在建设过程中，国家在对管道周边环境的地址、地质，管道结构的设计、工艺、用料等内容已经掌握了极多的数据内容。在此基础上加以大数据技术的应用能够为专业人员提供更加高效的信息选用业务，尤其在新管道建设活动中，技术方可以利用大数据技术减少建设过程中的不必要人力资源输出，在既定周期内实现更为高效、全面、具体的规划设计。

（2）大数据在油气管道建设中的应用。

油气管道施工过程中会产生施工记录、变更等数据。以往在交完竣工资料后，此类数据便难以再被重复利用。现今随着信息化和移动终端的发展，大量纸质数据可以直接变成电子数据。大数据技术可以让这些沉睡的数据"变废为宝"，通过大数据技术，对以往记录数据进行分析，可以更具针对性地推测新管道建设存在的难点，并整合过往经验编制出更具有可行性的施工组织方案。在人员布设、机械设备、物资分配等方面进行全面优化，可有效降低项目成本，保证施工技术方案可行，施工质量可靠。

（3）大数据在油气管道建设监理中的应用。

油气管道建设监理行业正在推动信息化和数字化建设。大数据技术将更好地推动此过程，并将充分利用信息化和数字化的成果，提升监理服务水平，提高监理管控质量。

（4）大数据在油气管道运行中的应用。

油气管道的运营管理过程中，会生成大量的数据。为此，可以采用大数据技术，对油气管道进行风险判定和预控，并针对油气管道的缺陷，进行针对性、有计划的修复。例如：油气管道的腐蚀调查和处理工作之中，就可以采用大数据技术，实现对油气管道相关数据的筛查和分析，以更好地对油气管道腐蚀的影响程度进行排序分析和等级划分，以全面而准确地辨识油气管道风险，减少开挖的数量，增强油气管道安全管理水平。

下面以基于大数据的油气集输系统能耗预测模型为例，简要说明大数据技术在油气集输系统节能降耗中的应用。

集输系统能耗的主要因素包括电能利用率、产液量、加药量、加热炉效率、换热器效率、环境温度、设备保温度、含水率、出油温度及出油压力等16个指标。目前在对集输系统的能耗指标进行预测时，大多是通过现场监测，建立与系统能耗密切相关参数的数学模型。然而，这些传统的数理统计预测模型认为，油气集输系统中的时间序列是由于外在随机因素引起的，因而利用随机过程理论模拟系统的运动规律。而整个集输系统的运行发展过程是有其自身的规律和特点，监测序列是地层能量、流动规律、流体性质和人为操作等系统变量在演化过程中的外在表现，随机过程理论并不完全适合集输系统生产参数时间序列的预测。大部分方法都是基于单变量时间序列来研究的，而在实际情形中存在的复杂系统大多是由2个或者多个变量进行描述的。理论上，只要满足嵌入维数足够大的条件，单变量时间序列就可以重构原本的动力系统。然而在面对的实际问题中，并不能完全用单变量进行重构，往往需要多变量时间序列的相空间重构理论，实验也证明比起单变量混沌时间序列预测，使用多变量混沌时间序列的预测法做相关预测的预测效果更好。

首先，运用基于粒计算关联规则的算法模型对集输系统能耗指标进行基于粒关联规则的分析，确定出影响原油集输系统能耗指标的主要因素为：产液量、含水率和出油温度。然后，应用基于相空间重构的混沌时间序列预测模型对相关能耗指标因素进行多变量混沌时间序列预测，实现了依据往年损耗数据对未来能耗进行预测的效果，为油田企业制订合理集输节能降耗措施计划提供了可靠依据。

6.4　服务油田提质增效

在进入全球化和信息化的经济环境下，大数据在企业谋求创新发展、提高产品质量、提升生产效益等方面起着非常重要的作用。

针对油气田企业，通过对大数据分析的有效运用，在很大程度上可以使得油田开发之后的所有数据都能发挥出应有的价值，最大限度地避免因数据量不充裕而出现误差的情况。通过系统化和网络化的大数据分析，减少了以往在数据分析中的人工投入，实现了人力资源的合理配置，实现了数据成果的直观化和形象化，改善了油气生产及工程管理中的问题。同时，与常规的方法相比，大数据分析实现了对油田数据的合理利用，提升了工作效率和工作质量，极大地提升了油田企业的管理水平。

数字油田的建设，为油田企业积累了大量的数据，为挖掘和利用好这一宝贵资源，以油田生产单位最关心的产量、能耗、效率、效益、安全和环保等指标的提升为分析目标，在油气藏、采油（气）、注水、集输、修井及生产管理等方面，油田企业深入开展了大数据预处理、数据建模、可视化展示、因果分析、方案优化、现场实施等系列研究，构建了以应用为导向的油田大数据分析流程，建立了油田业务大数据分析模型，开发了油田大数据分析平台及网络版软件等，为油田生产高效管控和优化运行提供了决策依据，为油田企业提质、降本、增效提供了重要保障。

（1）自动筛选异常井。

在油田企业生产过程中，异常井是影响油田产量的重要因素之一，随着时代的不断进步，越来越多的油田企业开始重视异常井的管理工作。以往，主要采用人工排除方法来识别异常井，需要翻阅大量的油田生产资料，经过复杂的认定环节，方可判定异常井的存在。这种人工方式需要消耗大量的人力和物力，且发现周期较长，对油田产量的影响较为持久，无法及时制订应对措施。异常井的主要特点是油井单位时间内的产量与历史生产数据之中的单位时间内的产量具有较大差异性，具有数据差异波动，并且数据的波动幅度已经超出了油井正常生产的波动范围。借助大数据挖掘和聚类分析技术能够实现自动识别异常井，主要判断指标是：油井当天产量与上月同期产量相比出现较大波动，且波动趋势超出正常范围就可判定为异常井，同时排除作业井、调开井和停电井等。首先，大数据系统会对油井的生产运行状态进行简单判断，将作业井、调开井、停用井、停电井以及常关井进行有效区分；其次，大数据分析系统可以对相关算法进行编译处理，然后利用 B/S 模式进行发布；最后，智能系统会根据处理后的数据准确筛选出异常井的位置。该种大数据分析技术已经在油田生产中应用较为广泛，能够快速识别出异常井，提高了油田生产管理工作效率，为进一步诊断和制订措施争取了更多的时间。

（2）自动诊断异常井。

当异常井的位置确定之后，油田会及时组织工作人员对异常井进行诊断，通过诊断工作明确异常井出现异常的原因，便于后期对异常井的修理工作。但是传统对异常井的诊断工作往往使用人工诊断的方式，此种方式对诊断人员的综合素质以及工作经验具有较高要求，若诊断人员的工作经验不够，则会使得诊断结果以及诊断率难以保证，并且诊断报告与实际情况具有一定差异性，进而使得后期的维修工作难以顺利进行。而在诊断异常井的过程之中，可以采用大数据分析技术之中的图像处理技术解决此类问题，此技术可以根据油田实际运行情况，建立油井正常运行的工作图库，并且将当前异常井的实际工作图与历史的油田工作图库进行分析比较，通过系统数据处理，便可以实现对异常井的自动诊断，不仅能够保证诊断的准确性，而且利用计算机确保诊断的及时性。

（3）科学制订间抽井抽油计划。

随着油田生产与开发作业进入油田产量递减阶段，在这个阶段由于油田开发时间的延长，地下剩余油量不断减少，油藏能量被不断消耗，导致出现油井供液不足的情况，对这类井就称之为间抽井，即间歇性出油的井。目前，在油田开发后期阶段，对于下月间抽井开关井计划的制订多是由人为定制，其合理性还有待进一步考证和完善。因此，油田企业当务之急是如何实现间抽井开关时间的自动化控制，以此来实现开源节流，节能减排的目的。对此，就可以采取大数据因子分析和回归分析法，对间抽井开关时间的影响因素进行收集和分

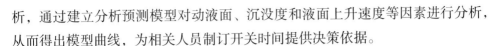

析，通过建立分析预测模型对动液面、沉没度和液面上升速度等因素进行分析，从而得出模型曲线，为相关人员制订开关时间提供决策依据。

（4）合理预测油井清结蜡时间。

当前，油田企业在油井清蜡上大多采取的是每口油井一月清洗一次的方式，严格按照人工制订技术进行，这种方式存在很多问题，比如一些油井尚未结蜡却已经被清洗，而有的油井已经结蜡却清洗不及时，这样不仅事倍功半，造成人力物力资源的浪费，同时还会对油田的产量以及生产效率产生负面影响。对油井结蜡周期、清蜡方式、清蜡用量以及油井实际情况等数据进行收集，并利用大数据分析技术进行分析，从而构建出相对科学合理的油井结蜡与清蜡模型，接着利用回归分析法对建立模型曲线方程并进行结果预测，从而得出油井结蜡的具体时间，并推算出油井结蜡周期。为油井清结蜡工作的有序开展提供了可靠的数据支撑，有利于油田生产精细化管理的进一步落实和发展。

随着大数据技术在我国油气工业领域的融合与发展，在油田勘探开发生产过程中全面应用大数据分析技术具有十分深远的意义。通过对油田开采时累积的数据进行多维度的分析，能够帮助油田企业更加精准、快速地开发油田，提高油气井的产量，同时会降低油气田经营成本、增强油田生产的安全性。可以预见，大数据应用技术在未来油田生产领域将发挥更加显著的作用。

6.5　油气藏开发方案智能决策

油气藏开发方案伴随着油田开发的整个过程，是油田正式投入长期开发生产的重要依据。油气藏开发方案主要是对油田开发方式、合理划分与组合开发层系、不同层系的注采井网、注水时机及压力保持水平、井网密度、生产井的工作制度等多个内容进行决策。合理的开发方案对降低开发成本、提高原油采收率、增加经济效益意义重大。因此，如何准确和高效地制订开发方案是油气田开发的关键问题。

油气藏开发方案制订方法使用范围比较广泛，主要有油藏工程和数值模拟这两种方法，通过对油气藏的构造形态、储层性质、流体性质及渗流空间进行研究并建立模型从而确定开发方案，但建立模型往往需要花费较长时间，而且模型与油藏实际动态存在误差，导致开发方案可能不合理。针对这种情况，在大量已经长期稳定开发的油气藏大数据的基础上，应用大数据分析找出油气藏特征与开发方案之间的关联，对新油田的开发方案进行决策，可以克服上述缺点。基于大数据的油气藏开发方案的智能决策充分利用了油田历史中真实的开发数据，避免建立模型中存在的误差并节约大量的时间。基于大数据的油气藏开发方案智能决策得到的开发方案设计与区块实际开发方案十分接近。因此，应用智能决策制订油气藏开发方案是可行的。

6.5.1　开发方案样本库的建立

开发方案样本库是油气藏特征与开发方案相对应的生产大数据，也是运用基于大数据的油气藏开发方案智能决策的基础。

建立开发方案样本库必须遵循真实可靠的原则。油气藏的数据有一些是不完整的、甚至错误的，因此需要对录入开发方案样本库的数据进行过滤清理，去除其中不合理、重复和无效的数据。

运用模糊数学理论和层次分析理论，建立油气田开发效果评价指标体系及模糊多元评价模型。通过模糊多元评价方法对大量已经长期稳定开发油气藏中采用的不同开发方案进行开发效果评价，并进行开发效果优劣排序，选取评价效果优良的开发方案建立开发方案样本库。具体步骤如下：（1）分析指标及其相互关系，建立层次隶属模型。根据主导关系，形成目标层、准则层和指标层的层次结构。（2）采用比率标度法来构建判断矩阵 P，两两对比指标之间的相对重要性，根据"同等重要""稍微重要""明显重要""强烈重要""极端重要"等定性语言对指标之间的相对重要性进行描述。（3）计算各评价因素的权数分配，求出判断矩阵 P 的最大特征值及其特征向量，该特征向量即为各个指标对应的权数分配。（4）指标综合。对指标层相对重要性权数进行递阶归并，计算指标层相对于目标层的权重集。（5）采用模糊多元评价方法作为油气藏开发效果的评价方法。根据各个评价指标相对于总目标（油田开发方案效果）的相对总权重集，计算各个方案的指标集中关联度，根据关联度的大小对方案进行优劣排序，并根据从优隶属度原则，从优隶属度最大者即为油气田开发效果评价优良的开发方案。

评价油气藏开发效果的指标很多，根据油田实际生产，综合油田开发的理论知识和在油田开发领域权威专家们的意见，通常选取反映油田开发效果经济性和技术性的 5 个评价指标：年平均产油量、含水率、含水上升率、动态投资回收期和投资净效益率。

6.5.2 开发方案目标及其主控因素的确定

在发现有工业开采价值的油气藏后，应从油气藏的地质特征及生产规律出发，以提高采收率、获得更高的经济价值为目标，制订科学合理的油气藏开发方案。在油气田开发方案中，需要对如下几个问题着重进行研究：

（1）油田开发方式的确定；

（2）多油层油田合理地划分与组合开发层系；

（3）需注水开发的油气藏，还要确定不同层系的合理注水方式；

（4）最佳注水时机及压力保持水平；

（5）不同开发层系经济合理的井网密度；

（6）生产井的合理工作制度。

以上油气藏工程问题即为油气藏开发方案的 6 个目标，下面重点描述这些目标对应的主控因素。

（1）开发方式主控因素。

根据选择开发方式的原则，以油气藏类型、天然能量、储层物性、流体物性作为影响开发方式选择的关键因素。

气藏不适宜采用注水开发，在气藏中注水会导致底水锥进，伤害气藏储层，因此绝大多数气藏采取的开发方式为衰竭式开发。对于凝析气藏及带凝析气顶的油藏，在开发过程中将凝析油油气分离，一部分原油脱气后开采不出来。因此针对凝析油含量大于 $200g/m^3$ 的凝析气藏，选择注气、循环注气保持地层压力进行开发；当凝析油含量小于 $200g/m^3$，可采取天然能量驱动开发。

油藏天然能量的评价对确定开发方式十分重要。油田的天然能量来源有边底水、气顶的膨胀作用、溶解气的膨胀作用、岩石和流体在地层产生压降后的弹性作用、地层倾角较大时的重力作用或这几种能量来源的组合。

在储层物性中，含油砂层中的黏土遇水时会膨胀和分散而堵塞孔隙，导致油藏减产、采收率降低。因此水敏性是选择开发方式的重要因素。

当储层性质岩石润湿性、储层渗透率、油水界面张力恒定时，注入相同孔隙体积倍数的驱替剂，驱油效率随着原油黏度的增大而降低，如图 6.3 所示。

当原油黏度大于 70mPa·s 时，油藏采用注水开发比较困难，对于原油黏度大于 200mPa·s 时水驱基本上失去意义。

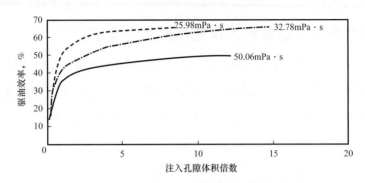

图 6.3　驱油效率与注入孔隙体积倍数关系曲线

（2）注水时机的主控因素。

注水时机是指油田开发生产投入注水的时间，可分为三类，分别是早期注水、中期注水和晚期注水。对于需要人工补充能量开发的油气藏，过早注水不但导致不必要的成本投入，同时也会缩短无水采油期，影响油田经济效益。注水时间太晚，可减少成本但也可能影响原油采收率。因此，选择合理注水时机的基本原则就是在满足油田开发有关要求，特别是不出现溶解气驱的前提下，应尽可能利用天然能量，减少人工能量的补充。

以油气田开发方案目标注水时机为导向，根据选择注水时机的原则，选取注水时机的主控因素有三类：油田天然能量大小、油田地质储量及油气藏管理的要求、油田的地质特征及采油方式。

确定一个油田的注水时机，首先要评价天然能量的大小以及这些能量在开发过程中可能起到的作用。天然能量充足的油气藏在开发早期应充分利用天然能量，在开发中后期应适当补充人工注水。而对于天然能量不足的油气藏，为保持较高的采油速度与获得更高的采收率，多采用早期注水，主要有两种情况：中高渗透油气藏大多采用同注同采，而低渗透油藏则需要提前注水。

对于不同规模的油田其开发管理的要求也不同。为保证国家原油生产的稳定增长，适应国民经济发展的需要，对不同级别油田的稳产年限实行宏观的控制。对于小油田，大多要求在短时间内高速开采，因此不采用早期注水。但对于大油田，都有相应的稳产时间要求，为达到较高采油速度及较长稳产时间，需要选择合理注水时机。

对于均质储层，注水时机选地层压力下降到饱和压力附近对提高采收率最有利，原油溶解气最多，黏度最小。对于非均质地层，注水时机选在地层压力降到低于饱和压力20%，此时水相混气驱油可提高原油采收率5%～10%。

对于挥发性油藏，注水时机一般取油层压力低于饱和压力 10％，避免溶解气与原油太快分离，原油黏度增加，大量原油开采不出的不利影响。对于原油黏度较高的油藏，注水时机一般为地层压力等于或略高于饱和压力时。

采油方式主要有自喷采油与机械采油。自喷采油需要地层压力保持水平高一些，注水时机相对机械采油早一些。

根据注水时机确定原则，依次分析主控因素对注水时机的影响，可以发现起主要作用的包括 13 项主控因素，见表 6.2。

表 6.2　注水时机主控因素

主控因素类型	序号	主控因素	单位
油田天然能量的大小	1	单位采出程度压降	MPa
	2	压力系统	
	3	地层倾角	（°）
	4	原始地层压力	MPa
	5	饱和压力	MPa
油田的开采特点和开采方式	6	渗透率	mD
	7	渗透率变化系数	
	8	有效厚度	m
	9	压力敏感性	
	10	原油黏度	mPa·s
	11	非均质性	
	12	开采方式	
油田大小和对油田产量的要求	13	地质储量	10^4t

（3）井网密度的主控因素。

影响井网密度的因素主要有以下 4 个方面：油层地质物理特性、流体性质、储层工程特性以及经济因素。

中国石油勘探开发研究院根据多个开发区块的生产资料，首先把油藏连续性从好到差分为 5 个级别，然后分析得出不同砂体连续性的油气藏井网密度与水驱控制程度的关系，见表 6.3。由此可见，在达到相同水驱控制程度时，砂体连续性越好的油层需要的井网密度越小。

表 6.3　水驱控制程序与井网密度关系表

砂体连续性	不同井网密度下的水驱控制程度，%				
	10 井 /km²	5 井 /km²	3.3 井 /km²	2.5 井 /km²	2 井 /km²
Ⅰ	88.69	80.08	72.38	65.43	59.14
Ⅱ	76.93	65.03	54.97	46.47	39.29
Ⅲ	70.60	48.50	33.58	23.25	16.10
Ⅳ	52.47	29.29	16.35	9.13	5.10
Ⅴ	36.96	13.34	4.85	1.76	0.64

渗透率是影响流体在储层中流动的最主要的因素，渗透率的方向性与流体流动方向具有一致性。渗透率越大，单井泄油面积越大，则井网密度可适当减小。

原油黏度在一定程度上决定了井网密度，在生产等量原油时，原油黏度越大，其含水率越高。为降低含水率，在原油黏度大的油层中多采用小井距、密井网。

在一定的油层地质特性、流体性质及生产压差的条件下，采油速度随着井网密度的增加而增加。但井网加密到一定程度后，采油速度增加的幅度开始减小，如图 6.4 所示。曲线与横坐标接近平行，说明增加井网密度对提高采油速度的能力是有限的。

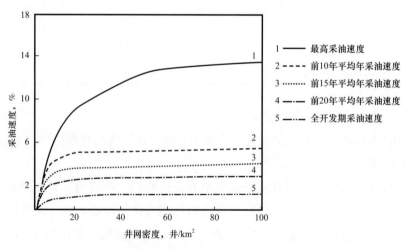

图 6.4　不同开发时间的平均年采油速度与井网密度关系曲线

此外，为获取最高的经济效益，还必须考虑原油价格、单井投资成本、钻井管理费用以及维修费用等经济因素。

根据井网密度计算方法及其理论，井网密度主要包括 4 种类型的 16 项主控因素，见表 6.4。

表 6.4　井网密度的主控因素

主控因素类型	序号	主控因素	单位
储集空间	1	油层渗透率	mD
	2	砂体连续性	
	3	有效厚度	m
	4	渗透率非均质性	
	5	可采储量丰度	$10^4 t/km^2$
流体及其与岩石综合性指标	6	原油黏度	mPa·s
	7	水驱油效率	%
储层工程特性指标	8	采油速度	%
	9	注采井数比	
	10	平均单井日产油	t/d
	11	计算系数	
经济因素	12	原油价格	元/t
	13	贴现率	%
	14	单井总投资	10^4 元/井
	15	单井年维修及管理费用	10^4 元/井
	16	开发年限	a

（4）生产压差的主控因素。

为了确定油田的产量水平和开发时间，在确定井数以后，还要确定生产井的工作制度。所谓生产井的工作制度，就是确定油田供给边线上的压力和生产井井底压力之差，即生产压差。

合理生产压差需要满足以下确定原则：① 油井保持稳产，满足一定的采油速度；② 满足井筒携液能力；③ 合理生产压差应低于脱气临界生产压差；④ 合理生产压差应在出砂临界生产压差范围内。

通过综合分析地层原油高压物性、油井流入动态曲线、油井出砂临界生产压差和启动压力等确定方法，得到了 14 项油田合理生产压差的主控因素，见表 6.5。

表 6.5　生产压差的主控因素

主控因素类型	序号	主控因素	单位
流体及其与岩石综合性指标	1	饱和压力	MPa
	2	原油黏度	mPa·s
	3	天然气溶解系数	$m^3/(m^3 \cdot MPa)$
	4	气油体积比	
	5	原油体积系数	
温度、压力系统	6	地层压力	MPa
	7	地层温度	℃
储层岩石结构及特征指标	8	油层渗透率	mD
	9	油相相对渗透率	
	10	天然气溶解系数	$m^3/(m^3 \cdot MPa)$
	11	上覆岩石密度	kg/m^3
	12	原油体积系数	
	13	储层厚度	m
	14	油井含水率	%

（5）合理地划分与组合开发层系。

通过对区域地质背景的沉积特征分析，选取出开发区块的对比标准井，确定对比标志层和辅助标志层，根据岩电组合、沉积旋回等特征，结合地震资料，利用测井曲线，进行砂层组、层段和小层对比划分。

6.5.3　油气藏开发方案智能决策

在建立开发方案样本库、确定开发方案目标及其主控因素的基础上，可以运用灰色系统理论和层次分析理论，依次建立油气藏初期开发方案各目标指标体系及其智能决策模型。

（1）开发方式 4 级指标决策模型。

根据开发方式主控因素，张静和张玄奇等提出一套基于主控因素的 4 级指标决策模型。根据油气田地质流体特征，开发方式 4 级决策网络可以准确、快速地确定开发方式。该指标决策网络如图 6.5 所示。

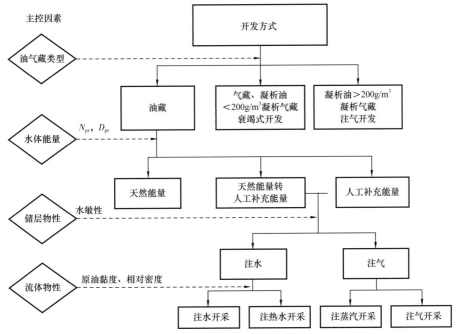

图 6.5　开发方式四级指标决策网络

N_{pr}—天然能量；D_{pr}—由开发方式转换补充的能量

（2）注水方式智能决策模型。

根据对注水方式主控因素的分析，确定影响注水方式的不同因素的相互关系，并构建注水方式指标体系，见表 6.6。

将评价层指标两两进行对比，确定相对重要性，构建不同层次之间的判断矩阵，从而确定各个指标的相对重要性权数。建立注水方式指标体系的判断矩阵并对其进行一致性检验、权重集计算，最终可以获得各评价指标及其权重关系，见表 6.7。

由表 6.7 可知，油藏注水方式很大程度上取决于吸水产液指数比、渗透率、地下原油黏度。

为保证数据性质的一致性，将主控因素归纳为储层特征、流体特征、渗流物理特征及开发动态特征，见表 6.8。

表 6.6　注水方式指标体系

目标层	准则层	评价层
注水时机影响因素评价体系 A	油层及注入水、地层液体的特点 B1	渗透率 C11
		地下原油黏度 C12
		地层水黏度 C13
		油相相对渗透率 C14
		水相相对渗透率 C15
	油田注入水的能力及油层开发情况 B2	产液指数与吸水指数之比 C21
	油田构造大小、裂缝发育情况 B3	油藏非均质性 C31
		地层倾角 C32
		构造复杂程度 C33
		裂缝发育情况 C34
		平面连通性 C35
	油层分布情况 B4	砂体几何形态 C41
		砂体连续性 C42
		油层厚度 C43

表 6.7　注水方式合成权重列表

目标层	准则层		评价层	
	准则	权重	指标	权重
注水方式影响因素评价体系 A	油层及注入水、地层液体的特点 B1	0.4729	渗透率 C11	0.2011
			地下原油黏度 C12	0.1275
			地层水黏度 C13	0.0798
			油相相对渗透率 C14	0.0322
			水相相对渗透率 C15	0.0322
	油田注入水的能力及油层开发情况 B2	0.2844	产液指数与吸水指数之比 C21	0.2844

续表

目标层	准则层		评价层	
	准则	权重	指标	权重
注水方式影响因素评价体系 A	油田构造大小、裂缝发育情况 B3	0.1699	油藏非均质性 C31	0.0862
			地层倾角 C32	0.0463
			构造复杂程度 C33	0.0213
			裂缝发育情况 C34	0.0092
			平面连通性 C35	0.0069
	油层分布情况 B4	0.0719	砂体几何形态 C41	0.0393
			砂体连续性 C42	0.0216
			油层厚度 C43	0.0119

表 6.8　注水方式主控因素权重表

指标类型	序号	主控因素		权重值
		主控因素	单位	
储层岩石结构及特征指标	1	有效厚度	m	0.0119
	2	渗透率	mD	0.2011
	3	油藏非均质性		0.0862
	4	地层倾角	（°）	0.0463
	5	构造复杂程度		0.0213
	6	裂缝发育情况		0.0092
	7	平面连通性		0.0069
	8	砂体几何形态		0.0393
	9	砂体连续性		0.0216
流体及其与岩石综合性指标	10	地下原油黏度	mPa·s	0.1275
	11	地层水黏度	mPa·s	0.0798
渗流物理特征	12	油相相对渗透率		0.0322
	13	水相相对渗透率		0.0322
油气田动态特征	14	产液指数与吸水指数之比		0.2844

根据注水方式主控因素分析，基于主控因素的两级指标决策与多目标决策理想点法混合决策模型的指标决策网络如图 6.6 所示。

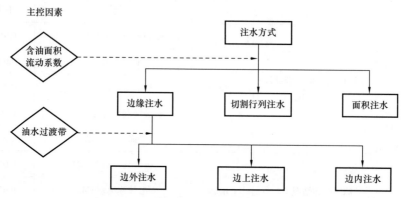

图 6.6　注水方式主控因素两级指标决策网络

注水方式主控因素两级决策网络根据主控因素可以确定含油面积较小、地层内流动系数较更高的油气藏以及含油面积较大、地层内流动系数较更高的油气藏的注水方式。

（3）井网密度智能决策模型。

根据对井网密度主控因素的分析，确定影响井网密度的不同因素的相互关系，可以构建井网密度指标体系，见表 6.9。

将评价层指标两两对比，确定相对重要性，构建不同层次之间的判断矩阵，从而确定各个指标的相对重要性权数，见表 6.10。

表 6.9　井网密度指标体系

目标层	准则层	评价层
井网密度影响因素评价体系 A	储集空间 B1	油层渗透率 C11
		砂体连续性 C12
		可采储量丰度 C13
		渗透率非均质性 C14
		有效厚度 C15
	流体及其与岩石综合性指标 B2	原油黏度 C21
		水驱油效率 C22

续表

目标层	准则层	评价层
井网密度影响因素 评价体系 A	储层工程特性指标 B3	采油速度 C31
		平均单井日产油 C32
		注采井数比 C33
		计算系数 C34
	经济因素 B4	原油价格 C41
		开发评价年 C42
		单井总投资 C43
		单井年维修及管理费用 C44
		贴现率 C45

表 6.10　井网密度主控因素权重表

指标类型	序号	主控因素		权重值
		主控因素	单位	
储集空间	1	油层渗透率	mD	0.1961
	2	砂体连续性		0.1217
	3	有效厚度	m	0.0723
	4	渗透率非均质性		0.0414
	5	可采储量丰度	$10^4 t/km^2$	0.0413
流体及其与岩石综 合性指标	6	原油黏度	mPa·s	0.1706
	7	水驱油效率	%	0.1138
储层工程特性指标	8	采油速度	%	0.0794
	9	注采井数比		0.0471
	10	平均单井日产油	t/d	0.0272
	11	计算系数		0.0162

指标类型	序号	主控因素		权重值
		主控因素	单位	
经济因素	12	原油价格	元/t	0.0298
	13	贴现率	%	0.0183
	14	单井总投资	10^4元/井	0.0106
	15	单井年维修费用	10^4元/井	0.0096
	16	开发年限	a	0.0047

由表 6.10 可知，储层物性和流体性质为主要因素，且其中油层渗透率、原油黏度、非均质性和储量丰度是影响井网密度的主要因素，砂体连续性、采油速度和原油价格的影响次之，有效厚度、单井日产油量、贴现率、驱油效率、注采井数比和计算系数的影响相对较弱，单井总投资、单井年维修及管理费用、开发年限对井网密度的影响最弱。

采用灰色系统理论中多目标决策理想点法结合开发方案各目标的主控因素权重集，根据最相似原则，筛选出待制订油气藏的最佳类比油气藏。根据最佳类比油气藏，可以实现对待制订油气藏的井网密度进行智能决策。

参考文献

［1］刘志刚.大数据分析在采油工程管理中的应用研究［J］.化工管理，2020（24）：170-171.

［2］李阳，廉培庆，薛兆杰，等.大数据及人工智能在油气田开发中的应用现状及展望［J］.
中国石油大学学报（自然科学版），2020，44（4）：1-11.

［3］张凯，赵兴刚，张黎明，等.智能油田开发中的大数据及智能优化理论和方法研究现状及
展望［J］.中国石油大学学报（自然科学版），2020，44（4）：28-38.

［4］张静.基于大数据的油气田开发方案智能决策研究［D］.西安：西安石油大学，2020.

［5］苏健，刘合.石油工程大数据应用的挑战与发展［J］.中国石油大学学报（社会科学版），
2020，36（3）：1-6.

［6］杨伟民，杨光熙.浅析油田大数据的高效分析处理方法研究——以大庆油田为例［J］.信
息系统工程，2020（6）：10-11.

［7］李松阳.浅析大数据在"智能油田"中的应用［J］.信息系统工程，2020（6）：135-136.

［8］刘珍.大数据环境下基于Spark的油藏经营管理系统研究［D］.西安：西安石油大学，
2020.

［9］张鑫.基于大数据的多参数融合间歇采油机制预测模型［D］.西安：西安石油大学，
2020.

［10］徐刚.智慧油田发展中的大数据技术应用［J］.中国设备工程，2020（10）：24-25.

［11］魏学锋.基于关键场景提取的油田流式生产数据处理算法研究［J］.信息系统工程，
2020（5）：137-138.

［12］赵大伟.大数据在"智能油田"中的应用与研究［J］.信息系统工程，2020（5）：153-
154.

［13］李志红.基于大数据技术的智慧油田发展现状及思考［J］.中国管理信息化，2020，23
（10）：97-98.

［14］霍宏博，谢涛，刘海龙，等.渤海油田钻完井大数据应用和发展方向［J］.工程研究 –
跨学科视野中的工程，2020，12（2）：136-141.

［15］黄鹤.浅析大数据分析技术在油田生产中的应用［J］.中国管理信息化，2020，23（8）：
93-94.

［16］叶铭.油田企业大数据融合与共享交换平台构建研究［J］.中国管理信息化,2020,23（8）：
107-108.

［17］贾德利，刘合，张吉群，等.大数据驱动下的老油田精细注水优化方法［J］.石油勘探
与开发，2020，47（3）：629-636.

［18］孙军军.浅谈油田云大数据建设的实践［J］.中国管理信息化，2020，23（6）：70-71.

［19］魏学锋.基于动态认领的油田大数据处理任务调度算法研究［J］.信息技术与信息化，2020（2）：21-23.

［20］黄海燕.大数据环境下油田信息安全体系构建研究［J］.中国管理信息化，2020，23（4）：62-63.

［21］梁鹏.大数据及云计算技术在油田生产中的应用［J］.中国管理信息化，2020，23（3）：92-93.

［22］任丽杰.大数据和物联网促进油田数字化水平提升［J］.信息系统工程，2020（1）：79-80.

［23］张博凯，殷龙，吴怡璇，等.大数据提高油田管理效率［J］.云南化工，2020，47（1）：115-116.

［24］刘二怀.基于大数据挖掘提高机采井系统效率实践［J］.内江科技，2019，40（12）：14，91.

［25］许洪东，赵大伟.油田智能化建设的构想与实践认识［J］.电脑知识与技术，2019，15（31）：284-285，291.

［26］姜潇.大数据分析技术在油田生产中的应用研究［J］.化工管理，2019（31）：213-214.

［27］李嗣旭，张瑶，贾鹿.基于新疆油田生产大数据分析平台建立优选分析系统的探究［J］.信息系统工程，2019（10）：143-144.

［28］张林凤，张明安，马青，等.基于大数据技术的油田地质对象识别模式建立［C］.石油大学、陕西省石油学会.2019油气田勘探与开发国际会议，西安：西安石油大学、陕西省石油学会，2019.

［29］李耀全.数据挖掘在油田开采中的应用方法分析［J］.门窗，2019（18）：268.

［30］赵恩涛，刘馨.大数据在油田开发中的应用及策略［J］.化工管理，2019（27）：219-220.

［31］王磊，王娟.大数据环境下石油企业信息化的建设探讨［J］.电子世界，2019（15）：71-72.

［32］杨勇.基于大数据技术在智慧油田发展中的应用分析［J］.信息系统工程，2019（7）：34.

［33］何川.大数据分析在采油工程管理中的应用研究［J］.石化技术，2019，26（5）：128，45.

［34］黄知娟，潘丽娟，路辉，等.大数据分析顺北油田SHB-X井试采产液量骤降原因［J］.石油钻采工艺，2019，41（3）：341-347.

［35］郭燚，张卫山，徐亮，等.基于微服务的石油大数据挖掘平台［J］.计算机与现代化，2019（5）：25-29，58.

［36］赵志刚.大数据在石油行业中的应用探究［J］.信息系统工程，2019（3）：36.

［37］张静.基于大数据的油气田开发方案智能决策研究［D］.西安：西安石油大学，2020.

［38］高志亮，等．数字油田在中国——油田数据学［M］．北京：科学出版社，2017．

［39］高志亮，梁宝娟．数字油田在中国——油田物联网技术与进展［M］．北京：科学出版社，
2013．

［40］石玉江，王娟，程启贵，等．数字化油藏研究理念与实践——大型一体化油气藏研究与
决策支持系统（RDMS）［M］．北京：石油工业出版社，2020．

［41］石玉江，王娟，魏红芳，等．基于梦想云的油气藏协同研究环境构建与应用［J/OL］．
中国石油勘探：1-8. http：//kns.cnki.net/kcms/detail/11.5215.TE.20200824.2022.006.html.
［2020-09-26］．

［42］石玉江．智能油田在中国的研究现状分析［J］．海峡科技与产业，2016（12）：81-83．

［43］石玉江，王娟，姚卫华，等．数字油田中的勘探井位快速部署技术［J］．石油工业计算
机应用，2016，24（2）：16-19，3．

［44］杨华，石玉江，王娟，等．油气藏研究与决策一体化信息平台的构建与应用［J］．中国
石油勘探，2015，20（5）：1-8．

［45］王娟，姚卫华，石玉江，等．基于云架构的油气藏数据智能管理技术［J］．天然气工业，
2014，34（3）：137-141．

［46］姚军，张凯，刘均荣．智能油田开发理论及应用［M］．北京：科学出版社，2018．

［47］夏志杰．工业互联网：体系与技术［M］．北京：机械工业出版社，2018．

［48］张文修，梁怡．遗传算法的数学基础［M］．2版．西安：西安交通大学出版社，2003．

［49］徐璐．油井压裂措施分析辅助平台的设计研究［D］．大庆：东北石油大学，2016．

［50］刘珍．大数据环境下基于Spark的油藏经营管理系统研究［D］．西安：西安石油大学，
2020．